W0306437

KISP

Prof. Kunow + Partner

Annette Kunow

Technische Mechanik
Statik Übungen

Vollständig und mit allen Lösungsvarianten gelöste Übungsaufgaben

2.Auflage

NAME: Annette Kunow

ADRESSE: Baumhofstr. 39 d, 44799 Bochum

Web: www.kisp.de

E-Mail: info@kisp.de

Tel: 02349730006

Illustration: Annette Kunow

IBSN-Nummer: 978-3-96695-011-4

VORWORT

Die Technische Mechanik ist ein Grundlagenfach in der Ingenieurausbildung. Sie vermittelt die physikalischen Zusammenhänge, um Konstruktionen den jeweiligen Belastungen entsprechend zu dimensionieren.

Im Bereich der Festkörpermechanik werden die drei Bereiche: Statik, Festigkeitslehre oder Elastostatik und Kinetik unterschieden. Die Mechanik flüssiger Stoffe wird nicht behandelt.

Der erste Teil der drei Bände Technischen Mechanik I umfasst die Statik. Dort werden der Gleichgewichtsbegriff und die Bestimmung der Schnitt- und Reaktionskräfte definiert. Weiter werden der Arbeitsbegriff (Stabilität) und Haftungs- und Reibungsprobleme, sowie räumliche Systeme mit vielen durchgerechneten Beispielen behandelt.

In dem Buch Übungen zur Technischen Mechanik I werden die an jedem Kapitelende gestellten Übungsaufgaben vollständig, mit den möglichen Lösungswegen durchgerechnet.

Die mathematischen Voraussetzungen werden im Kapitel 2 kurz zur Wiederholung dargestellt.

Dieses Buch entstand aus dem Skript der Vorlesung Technische Mechanik, die ich seit 1988 kontinuierlich an der Hochschule Bochum im Fachbereich Mechatronik und Maschinenbau halte.

Bochum, im Oktober 2016

Prof. Dr.-Ing. Annette Kunow

Hier können Sie eine kostenlose Strategie-Session buchen oder schreiben Sie mir, wenn Ihnen dieses Buch gefällt und Sie Anregungen oder Fragen haben.

Hier kommen Sie zu den kostenlosen Bonusmaterial zum Buch.

Hier finden meinen Blog „Selbstführung & Produktivität“. Sie helfen Ihnen, bessere Ergebnisse zu erzielen.

INHALTSANGABE

AUFGABEN ZU KAPIEL 3: GLEICHGEWICHT IN EINEM PUNKT

AUFGABE 3.1

- Graphische und analytische Berechnung der Resultierenden, beziehungsweise Haltekraft des Kräftesystems
- Graphische und analytische Berechnung der Resultierenden, beziehungsweise Haltekraft des Kräftesystems unter Vorgabe der Wirkungslinie

An einem Punkt 0 greifen drei Kräfte F_1, F_2, F_3 an (Bild 3.6).

a) **gegeben:** $F_1 = 3\sqrt{2}\,\mathrm{N}$, $\alpha_1 = 45^0$, $F_2 = 3\,\mathrm{N}$, $\alpha_2 = 180^0$, $F_3 = \sqrt{5}\,\mathrm{N}$, $\alpha_3 = 333{,}45^0$

gesucht: Bestimmung der Resultierenden R und der Haltekraft H (graphisch und analytisch),

b) **gegeben:** $F_1 = 3\sqrt{2}\,\mathrm{N}$, $\alpha_1 = 45^0$, $F_2 = 3\,\mathrm{N}$, $\alpha_2 = 180^0$, $\alpha_3 = 333{,}45^0$

gesucht: Bestimmung des Betrags F_3, für den die Resultierende R parallel zur Wirkungslinie von F_2 fällt (graphisch und analytisch)

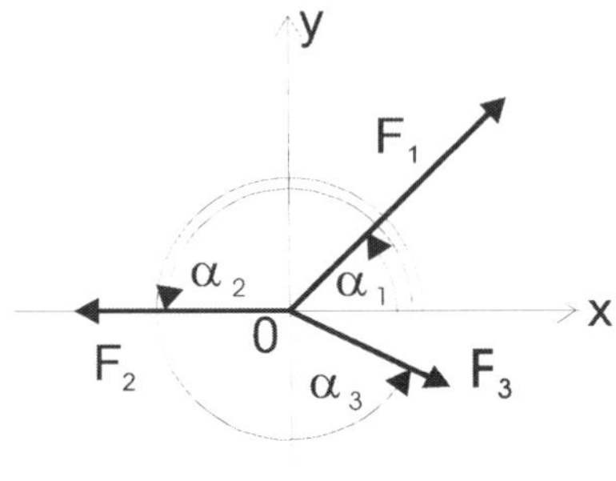

Bild 3.6 Im Punkt 0 angreifende Kräfte

Graphische Lösung für Teil a

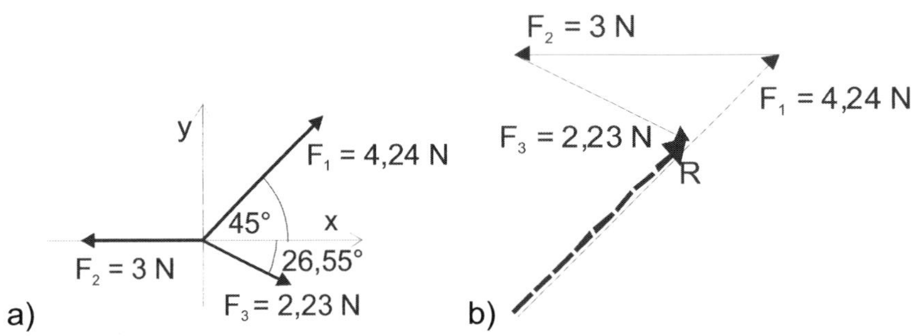

Bild 3.7 a) Lageplan; b) Kräfteplan: 1 cm ≡ 1 N, R = - H ≈ 2,8 N (gemessen), $F_1 = 3\sqrt{2}$, N ≈ 4,24 N, $F_2 = 3$ N, $F_3 = \sqrt{5}$ N ≈ 2,23 N

ANALYTISCHE LÖSUNG FÜR TEIL A

Aus der Summe der Kraftkomponenten in den Koordinatenrichtungen ergibt sich

$$(3.18): \quad \rightarrow: \quad \sum F_{xi} = R_x = F_1 \cos 45^0 - F_2 + F_3 \cos 26{,}55^0$$
$$\approx 2{,}00\,\text{N},$$

$$(3.19): \quad \uparrow: \quad \sum F_{yi} = R_y = F_1 \sin 45^0 - F_3 \sin 26{,}55^0 \approx 2{,}00\,\text{N}.$$

Die Größe der Resultierenden ist

$$(3.20): \quad R = -H = \sqrt{{R_x}^2 + {R_y}^2} = \sqrt{8}\,\text{N} = 2{,}83\,\text{N}.$$

GRAPHISCHE LÖSUNG FÜR TEIL B

Die Resultierende soll parallel zur Wirkungslinie f_2 wirken, damit ergibt sich das die Vertikalkomponente der Resultierenden zu null werden muss.

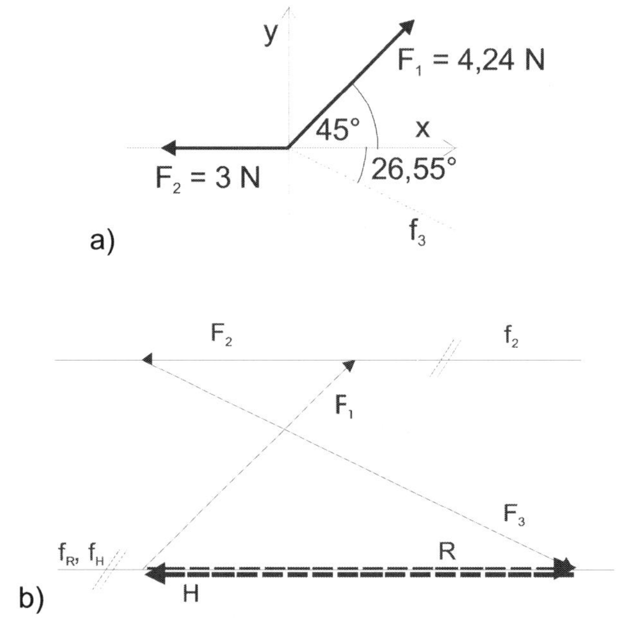

Bild 3.8 a) Lageplan mit der Wirkungslinie f_3; b) Kräfteplan: 1 cm $\equiv$ 1 N, R = - H $\approx$ 5,7 N, $F_1 = 3\sqrt{2}$, N $\approx$ 4,24 N, F_3 = 6,5 N, F_2 = 3 N (gemessen)

ANALYTISCHE LÖSUNG FÜR TEIL B

Aus der Summe der Kraftkomponenten in den Koordinatenrichtungen ergibt sich

$$(3.21): \quad \uparrow: \quad \sum F_{yi} = R_y = 0 = F_1 \sin 45^0 - F_3 \sin 26{,}55^0,$$

$$(3.22): \quad \Rightarrow \quad 3\sqrt{2}\,\frac{\sqrt{2}}{2}\,N - F_3\,0{,}447 = 0 \;\Rightarrow\; F_3 = \frac{3}{0{,}447}\,N \approx 6{,}71\,N,$$

$$(3.23): \quad \rightarrow: \quad \sum F_{xi} = R_x = F_1 \cos 45^0 - F_2 + F_3 \cos 26{,}55^0 = 5{,}98\,N.$$

Die Größe der Resultierenden ist

$$(3.24): \quad R = -H = R_x = 5{,}98\,N.$$

AUFGABE 3.2

- Graphische und analytische Berechnung der Resultiere-den des Kräftesystems

Vier Kräfte F_1, F_2, F_3 und F_4 haben den gemeinsamen Angriffspunkt 0 (Bild 3.9).

gegeben: $F_1 = 3$ kN, $\alpha_1 = 30^0$, $F_2 = 4$ kN, $\alpha_2 = 60^0$,

$F_3 = 4.5$ kN, $\alpha_3 = 135^0$, $F_4 = 5.5$ kN, $\alpha_4 = 225^0$

gesucht: Bestimmung der Resultierenden R (graphisch und analytisch).

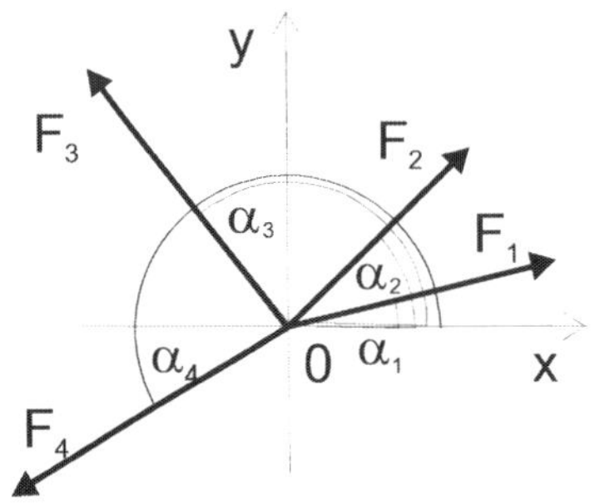

Bild 3.9 Vier Kräfte F_i mit ihrem gemeinsamen Angriffspunkt 0

GRAPHISCHE LÖSUNG

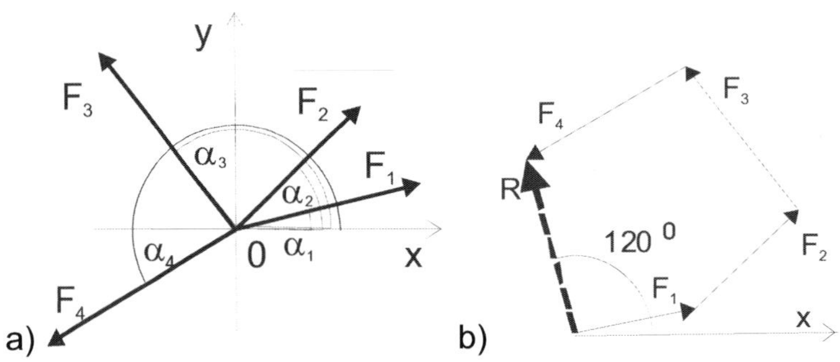

Bild 3.10 a) Lageplan, b) Kräfteplan: 1 cm ≡ 2 kN, R ≈ 5.1 kN,

$\alpha_R = 120^0$ **(gemessen)**

ANALYTISCHE LÖSUNG

Aus der Summe der Kraftkomponenten in den Koordinatenrichtungen ergibt sich

$$(3.25): \quad \rightarrow: \quad \Sigma F_{xi} = R_x$$
$$= F_1 \cos 30^0 + F_2 \cos 60^0 - F_3 \cos 45^0 - F_4 \cos 45^0$$
$$= -2{,}473\,\text{kN}$$

$$(3.26): \quad \uparrow: \quad \Sigma F_{yi} = R_y$$
$$= F_1 \sin 30^0 + F_2 \sin 60^0 + F_3 \sin 45^0 - F_4 \sin 45^0$$
$$= 4{,}257\,\text{kN}$$

Die Größe der Resultierenden und des Winkels sind

$$(3.27): \quad R = \sqrt{R_x^{\,2} + R_y^{\,2}} = 4{,}92\,\text{kN}$$

und

$$\alpha = \arctan \frac{R_y}{R_x} = 120{,}15^0.$$

AUFGABE 3.3

- Graphische und analytische Berechnung der Resultierenden des Kräftesystems

Die in Bild 3.11 skizzierte Anordnung zeigt drei Seile, die in den Rundhaken die Zugkräfte F_1, F_2, F_3 übertragen.

gegeben: F_1 = 30 N, F_2 = 50 N, F_3 = 180 N

gesucht: Bestimmung der Gesamtkraft R, die auf den Haken wirkt (graphisch und analytisch).

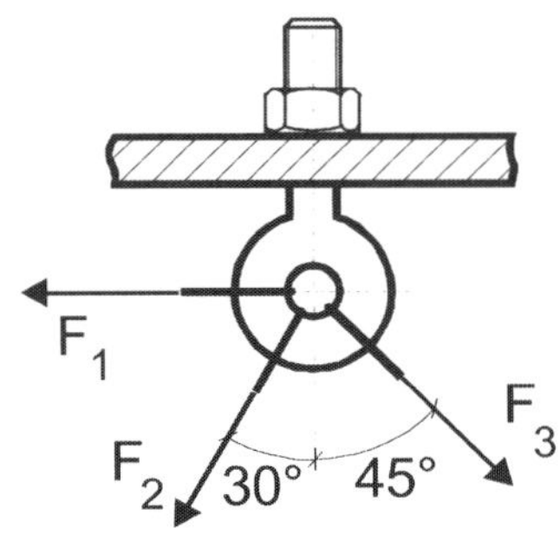

Bild 3.11 Drei Seile am Rundhaken

ANALYTISCHE LÖSUNG

Aus der Summe der Kraftkomponenten in den Koordinatenrichtungen ergibt sich

$$(3.28): \quad \rightarrow: \quad \sum F_{xi} = R_x = -F_1 - F_2 \sin 30^0 + F3 \sin 45^0$$
$$= 72{,}28\,\mathrm{N},$$

$$(3.29): \quad \uparrow \quad 2H - G = 0 \quad \Rightarrow \quad H = \frac{1}{2} G.$$

Die Größe der Resultierenden und des Winkels sind

$$(3.30): \quad R = \sqrt{R_x^{\,2} + R_y^{\,2}} = 185{,}26\,\mathrm{N}$$

und

$$\alpha = \arctan \frac{R_y}{R_x} = 22{,}96^0$$

GRAPHISCHE LÖSUNG

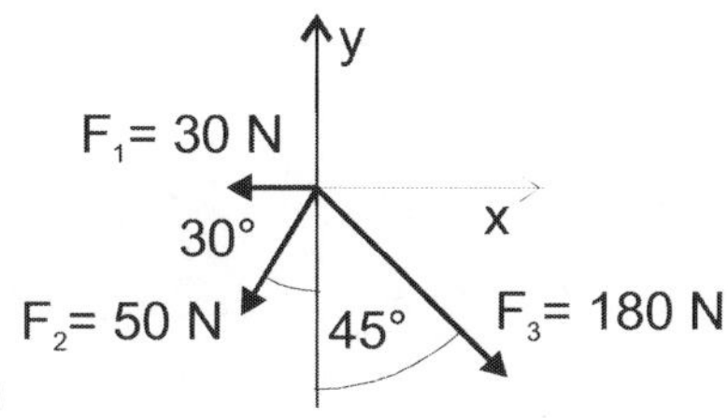

a)

Bild 3.12 a) Lageplan

b)

Bild 3.12 b) Kräfteplan: 1 cm ≡ 20 N, R ≈ 186 N, $\alpha = 23^0$ **(gemessen)**

AUFGABE 3.4

- Graphische und analytische Berechnung der Kräfte unter Vorgabe der Wirkungslinien

Eine Kraft F_1 wird durch zwei Kräfte F_2 und F_3 mit den vorgegebenen Wirkungslinien f_2 und f_3 im Gleichgewicht gehalten (Bild 3.13).

gegeben: $F_1 = 25$ N und Richtungen von F_1, F_2 und F_3

gesucht: Bestimmung der Kräfte F_2 und F_3 (graphisch und analytisch).

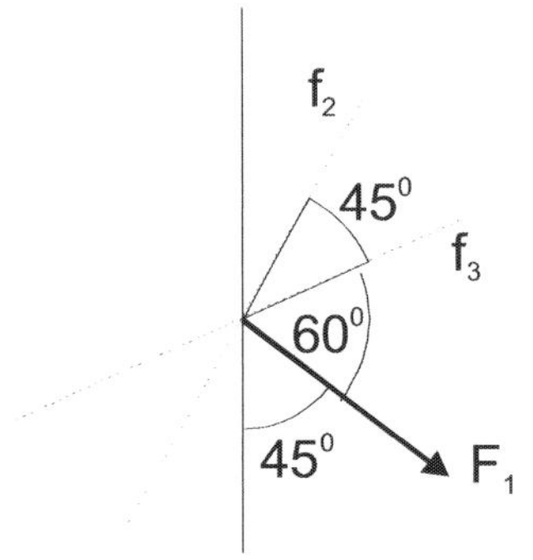

Bild 3.13 Kraft F_1 und vorgegebenen Wirkungslinien f_2 und f_3 der zwei Kräfte F_2 und F_3

GRAPHISCHE LÖSUNG

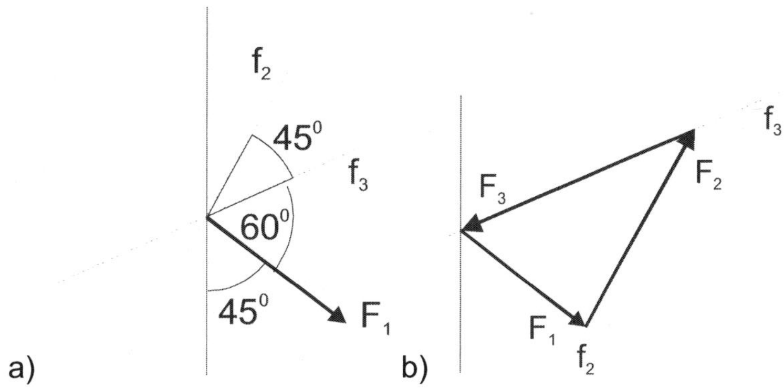

Bild 3.14 a) Lageplan; b) Kräfteplan: 1 cm ≡ 10 N, F_2 = 30 N, F_3 = 34 N

ANALYTISCHE LÖSUNG

Aus der Summe der Kraftkomponenten in den Koordinatenrichtungen ergibt sich das Gleichgewicht

$$(3.31):\quad \rightarrow:\quad \sum F_{xi} = 0$$

$$\Rightarrow\quad 0 = F_1 \cos 45^0 + F_2 \cos 60^0 + F_3 \cos 15^0 \qquad |*(\sin 15^0)$$

$$(3.32):\quad \uparrow:\quad \sum F_{yi} = 0$$

$$\Rightarrow\quad 0 = -F_1 \sin 45^0 + F_2 \sin 60^0 + F_3 \sin 15^0 \qquad |*(-\cos 15^0)$$

$$(3.33):\quad 0 = F_1 (\cos 45^0 - \sin 45^0) + F_2 (\cos 60^0 + \sin 60^0).$$

Durch Multiplikation mit geeigneten Faktoren wird eine Unbekannte mit demselben Vorfaktor (Eliminationsverfahren) versehen, sodass durch das Addieren der Gleichungen (3.31) *($\sin 15^0$) und (3.32) *($-\cos 15^0$) eine Unbekannte eliminiert wird (Eliminationsverfahren).

Daraus folgen die Kräfte

$$(3.34): \quad F_2 = 30{,}6\,N, F_3 = -\,34{,}14\,N.$$

Das negative Vorzeichen besagt, dass die Kraft F_3 entgegen der angenommenen Richtung wirkt.

AUFGABE 3.5

- Schnittbild zum Sichtbarmachen der Seilkraft S und der Kraft N
- Graphische und analytische Berechnung einer Seilkraft S und der Kraft N zwischen Wand und Kugel

Eine Kugel vom Gewicht G hängt an einem Seil an der Wand. Das Seil ist im Kugelmittelpunkt befestigt. Die Kugel ist glatt (Bild 3.15).

gegeben: a = 60 cm, r = 20 cm, G = 100 N

gesucht: Bestimmung der Seilkraft S und Normalkraft N zwischen Wand und Kugel

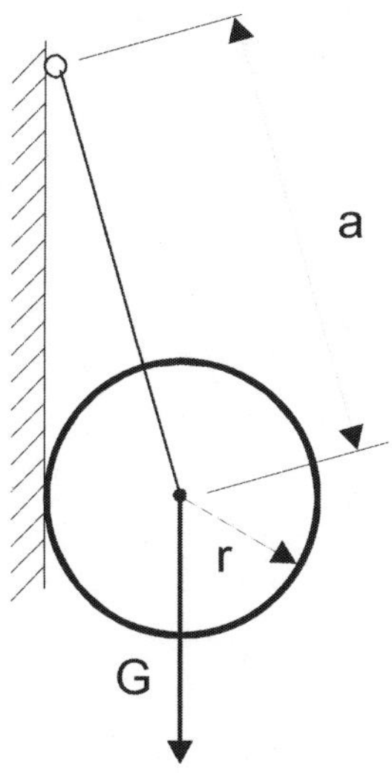

Bild 3.15 Kugel vom Gewicht G

GRAPHISCHE LÖSUNG

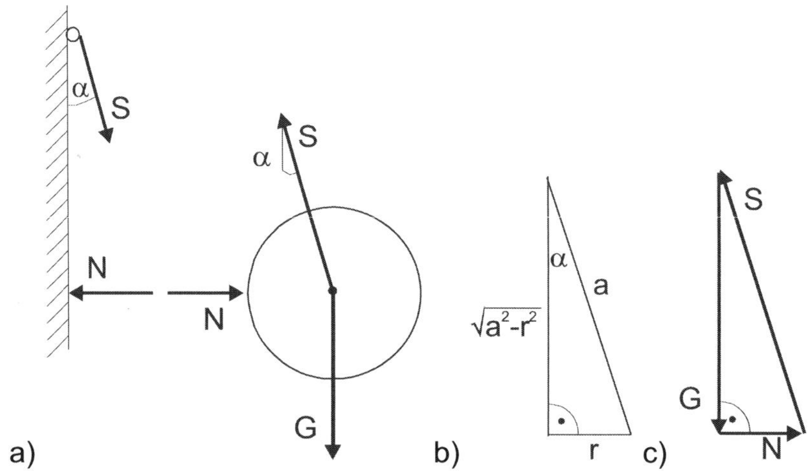

Bild 3.16 a) Schnittbild; b) Geometrie; c) Kräfteplan: 1 cm ≡ 25 N, S ≈ 105 N, N ≈ 32 N (gemessen)

Ein Schnittbild macht die Kräfte in und zwischen den einzelnen Systemen sichtbar.

ANALYTISCHE LÖSUNG

Aus der Summe der Kraftkomponenten in den Koordinatenrichtungen ergibt sich das Gleichgewicht im Schnittbild 3.16a

(3.35): $\rightarrow: \quad \sum F_{xi} = 0 = N - S\sin\alpha,$

(3.36): $\uparrow: \quad \sum F_{yi} = 0 = S\cos\alpha - G.$

Mit der Geometrie in Bild 3.16 b folgt

(3.37): $$\tan\alpha = \frac{r}{\sqrt{a^2 - r^2}}.$$

Damit ergeben sich die Seil- und Normalkraft mit Zahlenwerten zu

(3.38): $$S = 106\,N, N = 35{,}4\,N.$$

AUFGABE 3.6

- Schnittbild zum Sichtbarmachen der Zugkräfte
- Graphische und analytische Berechnung der Zugkräfte unter Vorgabe der Wirkungslinien

Ein Schiff wird von zwei Ufer- Lokomotiven gleichförmig geradeaus durch einen Kanal gezogen.

gegeben: F_1 = 3000 N, $\alpha_1 = 25^0$, $\alpha_2 = 30^0$

gesucht: Bestimmung des Betrags der Kraft F_2 und der Resultierenden R (graphisch und analytisch).

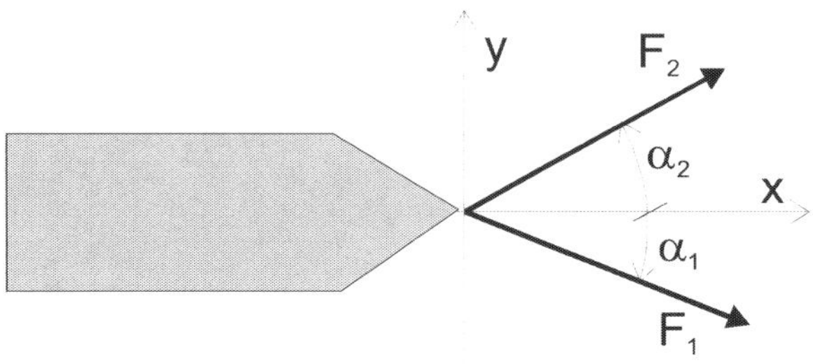

Bild 3.17 Schiff mit den Kräften der zwei Ufer- Lokomotiven

GRAPHISCHE LÖSUNG

Wenn das Schiff geradeaus gezogen wird, muss die Vertikalkomponente der Resultierende R_y = 0 werden, das heißt für die graphische Lösung, dass die Wirkungslinie der Resultierenden in der x- Achse liegt, für die analytische Lösung ist die Komponente in y- Richtung null.

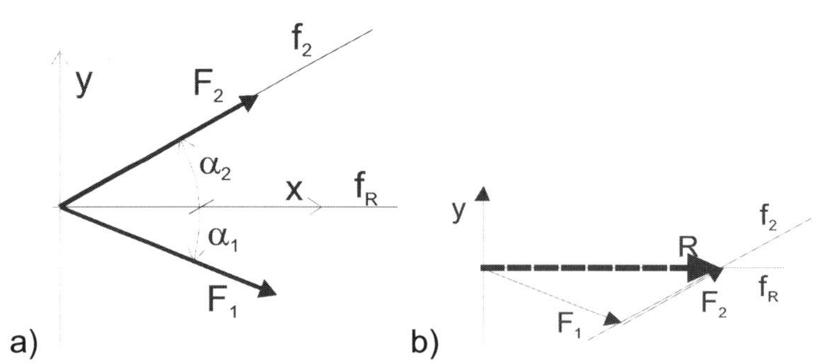

Bild 3.18 a) Lageplan; b) Kräfteplan: 1 cm ≡ 10 N, F_2 = 2600 N, R = 4900 N

ANALYTISCHE LÖSUNG

Aus der Summe der Kraftkomponenten in den Koordinatenrichtungen ergibt sich

$$(3.39): \quad \rightarrow: \quad \sum F_{xi} = R_x = F_1 \cos 25^0 + F_2 \cos 30^0$$
$$= 4914{,}91 \text{ N} = R,$$

$$(3.40): \quad \uparrow: \quad \sum F_{yi} = R_y = 0 = -F_1 \sin 25^0 + F_2 \sin 30^0$$
$$\Rightarrow \quad F_2 = 2535{,}71 \text{ N}.$$

AUFGABE 3.7

- Schnittbild zum Sichtbarmachen der Normalkraft und der Zugkraft
- Analytische Berechnung der Normalkraft und der Zugkraft über die Gleichgewichtsbedingungen unter der zusätzlichen Bedingung, dass die Walze gerade abhebt

Eine glatte Straßenwalze mit dem Gewicht G und dem Radius r stößt an ein Hindernis der Höhe h. Im Walzenmittelpunkt greift eine waagerechte Kraft F an (Bild 3.19).

gegeben: G, r, h

gesucht: Bestimmung der Kraft F, die erforderlich ist, um die Walze über das Hindernis zu ziehen.

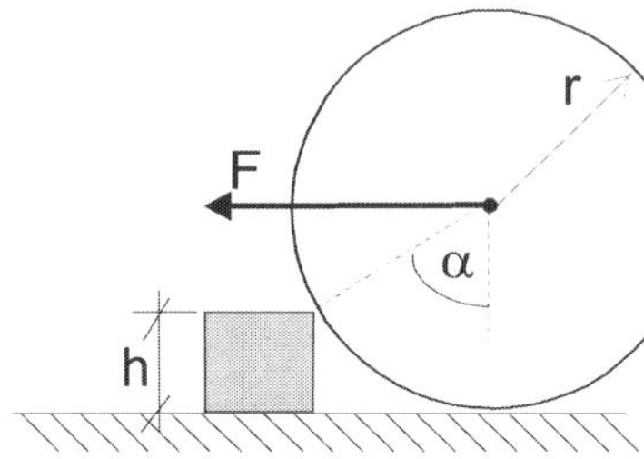

Bild 3.19 Glatte Straßenwalze mit Hindernis

LÖSUNG

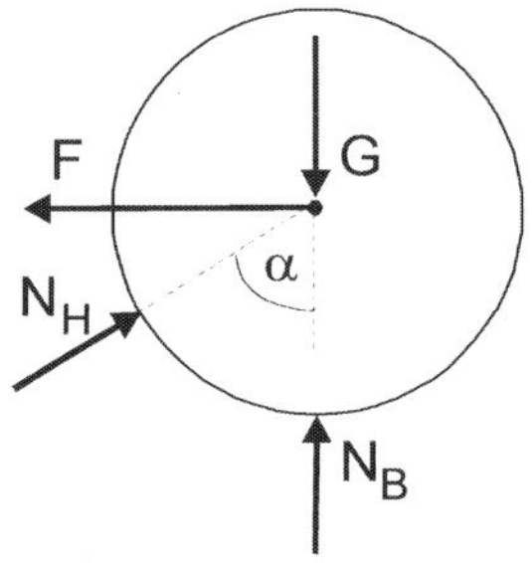

Bild 3.20 Schnittbild

Aus der Summe der Kraftkomponenten in den Koordinatenrichtungen ergibt sich das Gleichgewicht im Schnittbild 3.20

(3.41): $\rightarrow$: $-F + N_H \sin\alpha = 0,$

(3.42): $\uparrow$: $N_H \cos\alpha + N_B - G = 0.$

Diese zwei Gleichungen sind für die drei Unbekannte F, N_H, N_B noch nicht zur Lösung ausreichend.

Wenn die Walze über das Hindernis gezogen wird, hebt sie ab. Die Kraft N_B auf dem Boden muss Null werden. Aus (3.42) ergibt sich die Normalkraft zum Hindernis

$$(3.43): \quad N_B = G - N_H \cos\alpha = 0 \quad \Rightarrow \quad N_H \cos\alpha = G.$$

Aus der Geometrie ergibt sich der Winkel

$$(3.44): \quad \cos\alpha = \frac{r-h}{r} \quad \Rightarrow \quad \alpha = \arccos\frac{r-h}{r},$$

Mit (3.44) in (3.43) und (3.41) folgen die gesuchten Kräfte

$$(3.45): \quad N_H = \frac{G}{\cos\alpha}, F = \frac{G\sin\alpha}{\cos\alpha}.$$

AUFGABEN ZU KAPITEL 4:

GLEICHGEWICHT IN DER EBENE

AUFGABE 4.1

- Aufstellen der Gleichgewichtsbedingungen zur Bestimmung der Größe und Lage der Resultierenden

Drei Punkte A, B und C auf einer Scheibe (Bild 4.5) bilden ein gleichseitiges Dreieck mit der Seitenlänge a. In den Eckpunkten wirken drei Kräfte F_i, die senkrecht zu den Seiten des Dreiecks stehen.

gegeben: F, $F_1 = F$, $F_2 = 2\,F$, $F_3 = 3\,F$

gesucht: Bestimmung des Betrags, der Richtung und der Lage der Resultierenden R.

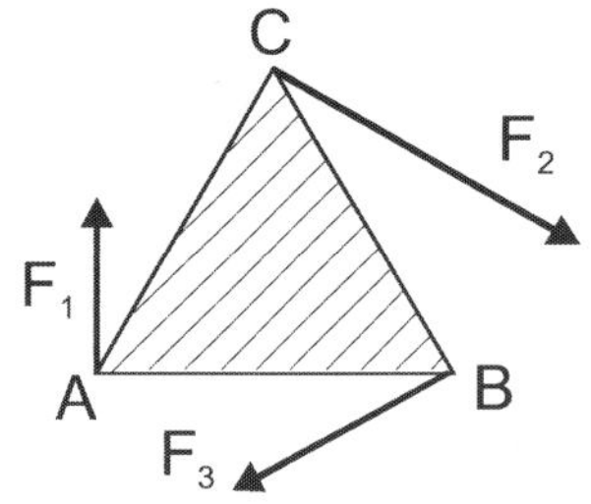

Bild 4.5 Scheibe mit den in den Eckpunkten wirkenden drei Kräften.

LÖSUNG

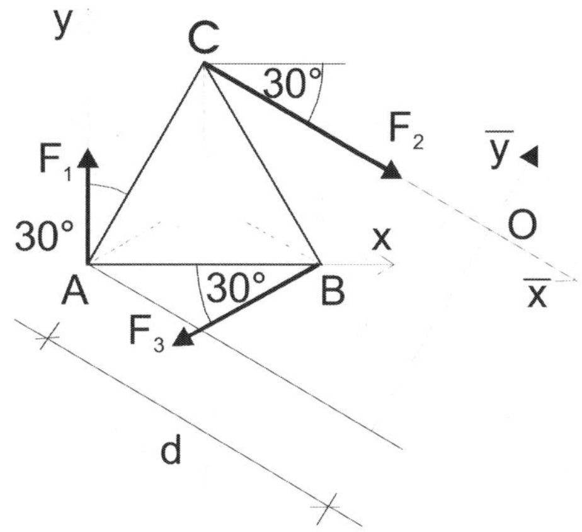

Bild 4.6 Wahl der Koordinatensysteme im Punkt A und im Punkt O

Die Gleichgewichtsbedingungen lauten

$$(4.33): \quad \rightarrow: \quad \sum F_{xi} = R_x = F_2 \cos 30^0 - F_3 \cos 30^0 = -\frac{\sqrt{3}}{2} F,$$

$$(4.34): \quad \uparrow: \quad \sum F_{yi} = R_y = F_1 - F_2 \sin 30^0 - F_3 \sin 30^0 = -\frac{3}{2} F.$$

Die Resultierende ist dann

$$(4.35): \quad R = \sqrt{R_x{}^2 + R_y{}^2} = \sqrt{\frac{3}{4} F^2 + \frac{9}{4} F^2} = \sqrt{3} F,$$

mit dem Winkel

$$(4.36): \quad \alpha = \text{artan}\frac{R_y}{R_x} = 60^0.$$

Die Lage der Resultierenden im Koordinatensystem um O mit $d = \overline{CO}$ wird mit Hilfe des Momentengleichgewichts um O gefunden

$$(4.37): \quad O \curvearrowleft \quad M_0 = 0 = -F_{1\bar{x}}a - F_{1\bar{y}}\,d - F_{3\bar{x}}\frac{a}{2} - F_{3\bar{y}}\,(d - \frac{\sqrt{3}}{2}a)$$

$$(4.38): \quad -F_1 \sin 30^0\, a - F_1 \cos 30^0\, d - \\ - F_3 \sin 30^0 \frac{a}{2} - F_3 \cos 30^0\ (d - \frac{\sqrt{3}}{2}a) = 0$$

$$(4.39): \quad -F\,(\sin 30^0\, a + \cos 30^0\, d) - \\ -3\,F\,(\sin 30^0 \frac{a}{2} + \cos 30^0\,(d - \frac{\sqrt{3}}{2}a)) = 0.$$

Daraus folgt

$$(4.40): \quad d = \frac{7}{12}\sqrt{3}\,a.$$

AUFGABE 4.2

- Aufstellen der Gleichgewichtsbedingungen zur Bestimmung der Kräfte
- Bedingung zur Bestimmung der Minimalkraft

Eine vertikale Kraft F_1 wirkt im Punkt A und eine Kraft F_2 wirkt mit verschiedenen Richtungen in Punkt C.

gegeben: F_1, a, b, $\alpha_1 = 50^0$, $\alpha_2 = 20^0$

gesucht: Bestimmung a) des Moments der Kraft F_1 bezüglich B, wenn F_2 = 0; b) der Größe einer horizontalen Kraft F_2, die im Punkt C angreift und das Gleichgewicht herstellt; c) der Größe und Richtung einer Kraft F_2, die in C angreift, das Gleichgewicht herstellt und deren Betrag minimal ist.

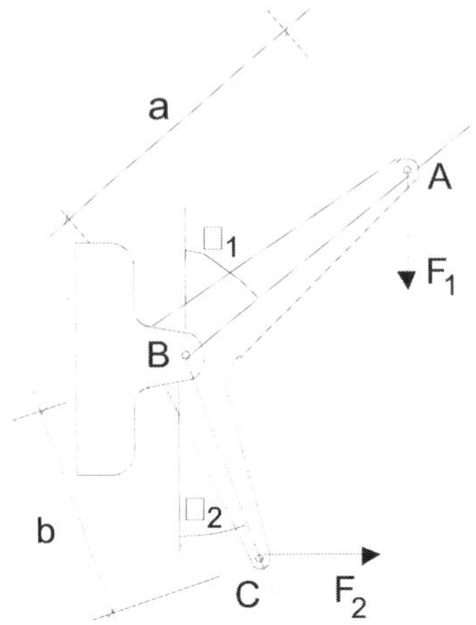

Bild 4.7 System mit vertikaler Kraft F_1 im Punkt A und einer Kraft F_2 in Punkt C

LÖSUNG

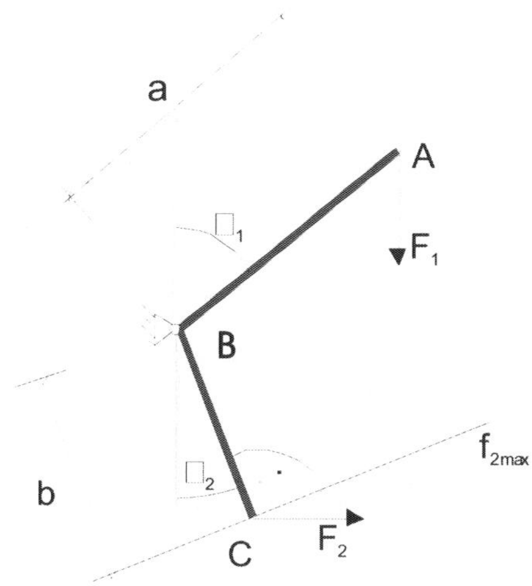

Bild 4.8 Schnittbild

a) Nur die Kraft F_1 wirkt in A

Das Moment um den Bezugspunkt bei $F_2 = 0$ lautet

$$(4.41):\quad B \circlearrowleft \qquad M_B = F_1\, a \sin\alpha_1.$$

b) Beide Kräfte wirken

Das Moment um den Bezugspunkt mit beiden Kräften und Gleichgewicht herrscht, lautet

$$(4.42):\quad B \circlearrowleft \qquad M_B = 0 = F_1\, a \sin\alpha_1 - F_2\, b \cos\alpha_2 = 0.$$

Damit ist die Kraft, die das Gleichgewicht hält,

$$(4.43): \quad F_2 = \frac{F_1 \, a \sin\alpha_1}{b \cos\alpha_2}.$$

c) Minimale Kraft F_2

Die Kraft F_2 wird minimal, wenn der größtmögliche Hebelarm wirkt.

Das Moment um den Bezugspunkt mit beiden Kräften und wenn Gleichgewicht herrscht, lautet

$$(4.44): \quad B \curvearrowleft \quad M_0 = 0 = F_1 \, a \sin\alpha_1 - F_2 \, b = 0.$$

Der maximaler Hebelarm ist b, wenn die Kraft F_2 wirkt senkrecht auf $\overline{OC}$ wirkt. Damit ist die Kraft, die das Gleichgewicht hält, und minimal ist

$$(4.45): \quad F_2 = \frac{F_1 \, a \sin\alpha_1}{b}.$$

AUFGABE 4.3

- Aufstellen der Gleichgewichtsbedingungen zur Bestimmung der äquivalenten Kraft

An einer Kreisscheibe (Bild 4.9) greift im Punkt A eine Kraft F an.

gegeben: r, F, α

gesucht: Bestimmung des gleichwertigen Belastungszustands (unter Beibehaltung der Richtung), der entsteht, wenn die Kraft F im Punkt E (Fußpunkt des Lots von A auf die x- Achse) angreift. Wie groß wird der Wert von α, für den das Moment M_E maximal wird?

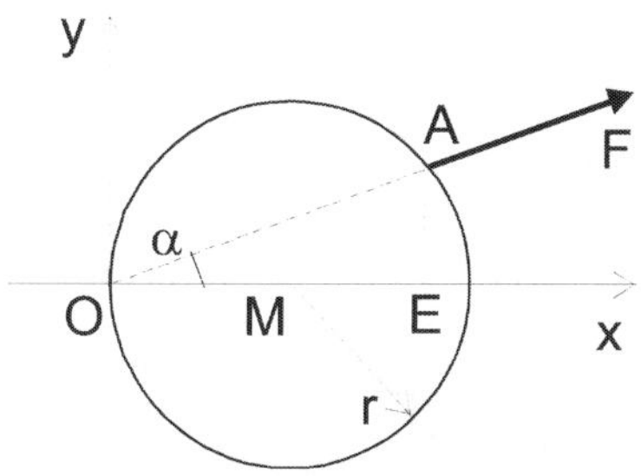

Bild 4.9 Kreisscheibe mit einer Kraft F im Punkt A.

LÖSUNG

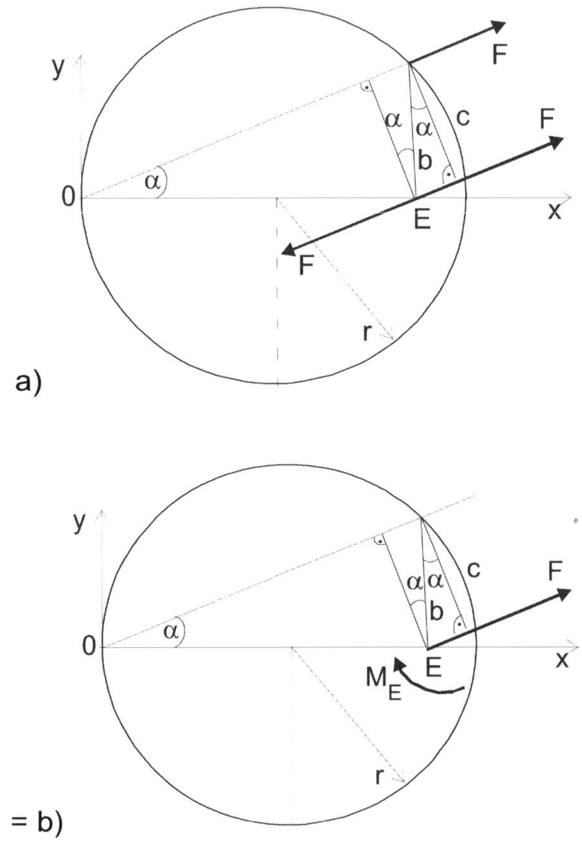

Bild 4.10 Lageplan; a) ursprüngliches System; b) äquivalentes System

Aus Bild 4.10 ist die Geometrie des gleichwertigen Belastungszustands mit der Kraft in E dargestellt. Das Momentengleichgewicht um E ergibt

(4.46): $E \curvearrowleft \qquad M_E = F\,c.$

Aus der Geometrie

(4.47): $b = r \sin(2\,\alpha)$

folgt die Strecke

(4.48): $c = b \cos\alpha = r \sin(2\,\alpha) \cos\alpha$

in (4.46) eingesetzt, ergibt

(4.49): $M_E = F\,r \sin(2\,\alpha) \cos\alpha.$

Die Bedingung für ein maximales M_E ergibt sich durch die "Kurvendiskussion" (4.49). Die erste Ableitung nach dem Winkel α muss Null werden, die zweite kleiner als Null, dann liegt ein Maximum vor

(4.50): $$\frac{dM_E(\alpha)}{d\alpha} = F\,r\,(2\cos(2\,\alpha)\cos\alpha - \sin(2\,\alpha)\sin\alpha) = 0.$$

Daraus ergibt sich der maximale Winkel

(4.51): $2 = \tan\alpha_{max} \tan 2\,\alpha_{max}.$

Mit $\tan 2\alpha_{max} = \dfrac{2\tan\alpha_{max}}{1-\tan^2\alpha_{max}}$ folgt

(4.52): $$2 = \tan\alpha_{max}\,\frac{2\tan\alpha_{max}}{1-\tan^2\alpha_{max}} = \frac{2\tan^2\alpha_{max}}{1-\tan^2\alpha_{max}}$$
$$= \frac{1}{\tan^2\alpha_{max}},$$

(4.53): $$\tan\alpha_{max} = \sqrt{\frac{1}{2}} = \frac{\sqrt{2}}{2},$$

(4.54): $$\alpha_{max} = \mathrm{artan}\frac{\sqrt{2}}{2} = 35{,}26^0.$$

(4.55): $$\frac{d^2M_E(\alpha)}{d\alpha^2} =$$
$$= F\,r\,(-5\sin(2\alpha)\cos\alpha - 4\cos(2\alpha)\sin\alpha)\Big|_{\alpha=\alpha_{max}} < 0.$$

Das Vorzeichen ist negativ, also liegt ein Maximum vor.

AUFGABE 4.4

- Bestimmung der inneren Kräfte und der Lagerkräfte durch Schneiden
- Aufstellen der Gleichgewichtsbedingungen zur Bestimmung der Kräfte

Das Sicherheitsventil A eines Dampfkessels ist mit Hilfe der durchgehenden Stange AB (gewichtslos) an dem Hebel $\overline{CD}$ (Gewicht G) befestigt (Bild 4.8). Der Hebel $\overline{CD}$ kann sich um den festen Punkt C drehen.

gegeben: $\overline{CD}$ = 50 cm, $\overline{BC}$ = 7 cm, Ventildurchmesser d = 6 cm, G = 10 N

gesucht: Die Last Q, die bei D angreift und unter der sich das Ventil bei einem Kesseldruck von 11 bar von selbst öffnet (1 bar = 10 N/cm^2)

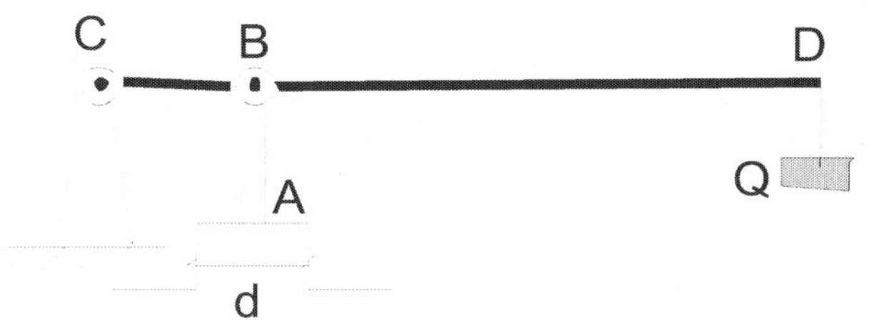

Bild 4.11 Sicherheitsventil eines Dampfkessels

LÖSUNG

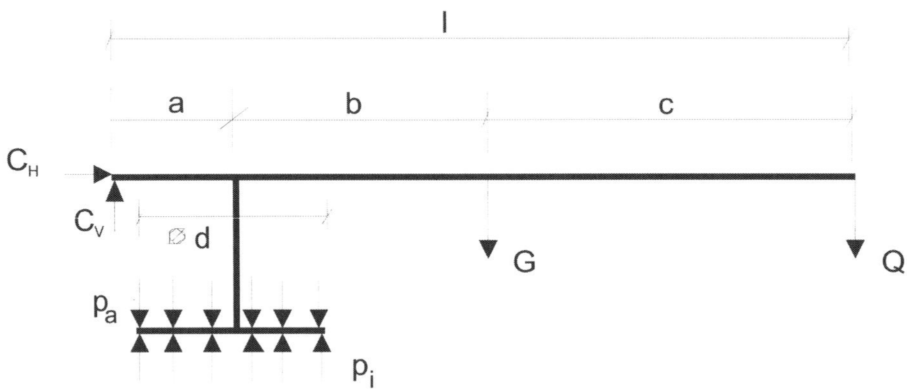

Bild 4.12 Schnittbild

Mit den Maßen

$$\overline{l = CD} = 50\text{ cm},\quad a = \overline{BC} = 7\text{ cm},\quad b = \frac{1}{2}l - a = 18\text{ cm},$$

$$c = \frac{1}{2}l = 25\text{cm}$$

und den Drücken auf die Ventilfläche

$$(4.56):\quad p_i = 110\,\frac{N}{cm^2},\; p_a = 10\,\frac{N}{cm^2}$$

folgt die Ventilfläche

$$(4.57): \quad A = \frac{1}{4}\pi d^2 = 28{,}27\,cm^2.$$

Die resultierende Kraft V auf die Ventilfläche ist

$$(4.58): \quad V = p_i A - p_a A = 2827\,N.$$

Das Momentengleichgewicht um den Drehpunkt C ergibt

$$(4.59): \quad C \circlearrowleft \quad V a - \frac{1}{2} G l - Q l = 0,$$

daraus folgt die benötigte Last

$$(4.60): \quad Q = -\frac{1}{2} G + V \frac{a}{l} = 390.78\,N.$$

AUFGABE 4.5

- Bestimmung der inneren Kräfte und der Lagerkräfte durch Schneiden
- Aufstellen der Gleichgewichtsbedingungen zur Bestimmung der Kräfte und der Geometrie

Ein schwerer Stab (Gewicht G, Länge 4 a) stützt sich bei A an eine glatte Ecke und bei B an eine glatte senkrechte Wand (Bild 4.11).

gegeben: a, G

gesucht: Bestimmung des Winkels φ, für den das System nach Bild 4.13 im Gleichgewicht ist und der Lagerkräfte in A und B.

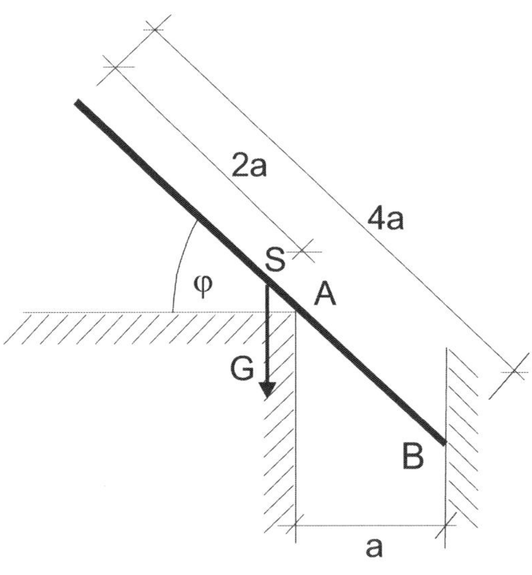

Bild 4.13 Schwerer Stab und seine Lagerung

LÖSUNG

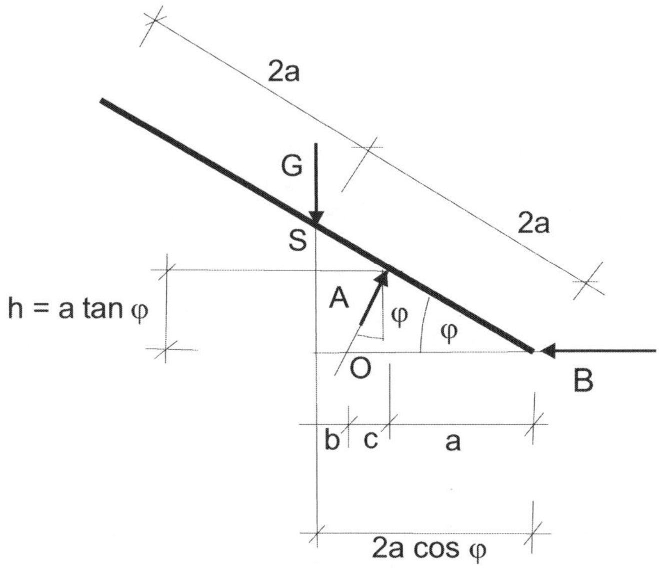

Bild 4.14 Schnittbild

Die Geometrie folgt aus Bild 4.14

(4.61): $h = a \tan \varphi,$

(4.62): $b + a + c = 2\,a \cos \varphi,$

(4.63): $c = h \tan \varphi = a \tan^2 \varphi.$

Im Gleichgewichtszustand müssen sich die 3 Wirkungslinien von A, B und G im Punkt O schneiden. Das Moment um O muss also Null sein

$$(4.64): \quad O \curvearrowleft \quad G\,b = 0$$

$$\Rightarrow \quad G\,(2\,a\cos\varphi - a - a\tan^2\varphi) = G\,a\,(2\cos\varphi - 1 - \tan^2\varphi) = 0.$$

Mit $(1 - \tan^2\varphi) = \dfrac{1}{\cos^2\varphi}$ folgt der Winkel

$$(4.65): \quad 2\cos\varphi - \frac{1}{\cos^2\varphi} = 0,$$

$$(4.66): \quad 2\cos\varphi = \frac{1}{\cos^2\varphi},$$

$$(4.67): \quad 2 = \frac{1}{\cos^3\varphi} \quad \Rightarrow \quad \cos^3\varphi = \frac{1}{2} \quad \Rightarrow \quad \varphi = 37{,}5^0.$$

Die Auflagerkräfte werden mit den Gleichgewichtsbedingungen berechnet

$$(4.68): \quad \uparrow: \; -G + A\cos\varphi = 0 \quad \Rightarrow \quad A = \frac{G}{\cos\varphi} = 1.26\,G,$$

$(4.69): \quad \rightarrow: \quad A \sin\varphi - B = 0 \quad \Rightarrow \quad B = G \tan\varphi = 0.77\,G.$

Aufgabe 4.6

- Bestimmung der inneren Kräfte und der Lagerkräfte durch Schneiden
- Aufstellen der Gleichgewichtsbedingungen zur Bestimmung der Kräfte unter der Bedingung, dass das Rohr gerade nicht kippt

Die glatten Kugeln 1 und 2 (Gewicht je Kugel G, Radius r) liegen in einem kreiszylindrischen Rohrstück (Gewicht G_R, Radius a), das unten offen ist und senkrecht auf dem Boden steht (Bild 4.15).

gegeben: r = 0,75 a, G

gesucht: Bestimmung der Druckkräfte H_i auf die Rohrwand und die Mindestgröße G_R, für die das Rohrstück nicht kippt.

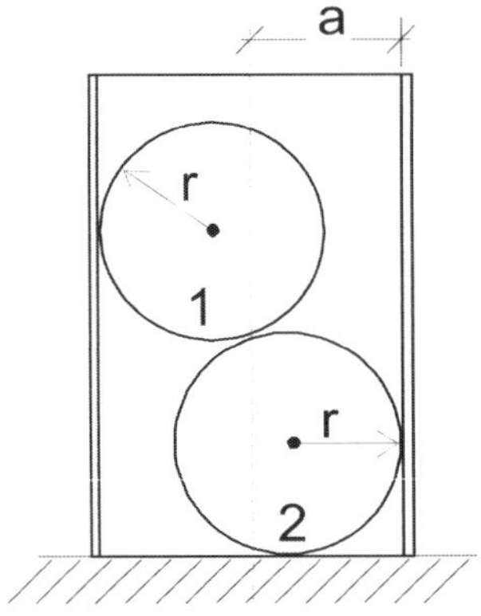

Bild 4.15 Kugeln im kreiszylindrischen Rohrstück

LÖSUNG

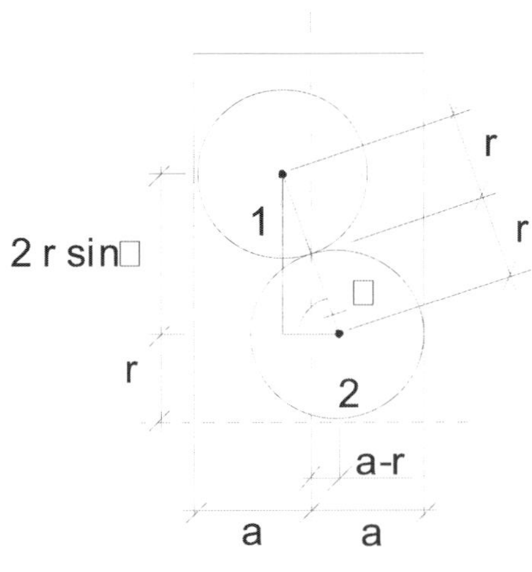

Bild 4.16a Lageplan und Geometrie

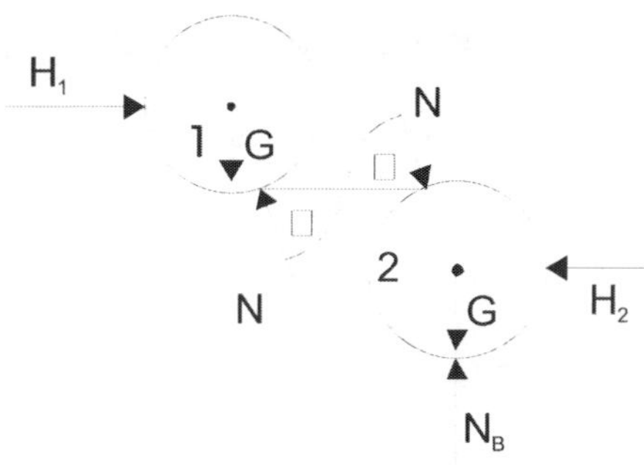

Bild 4.16b Schnittbild: Kugel 1 und Kugel 2

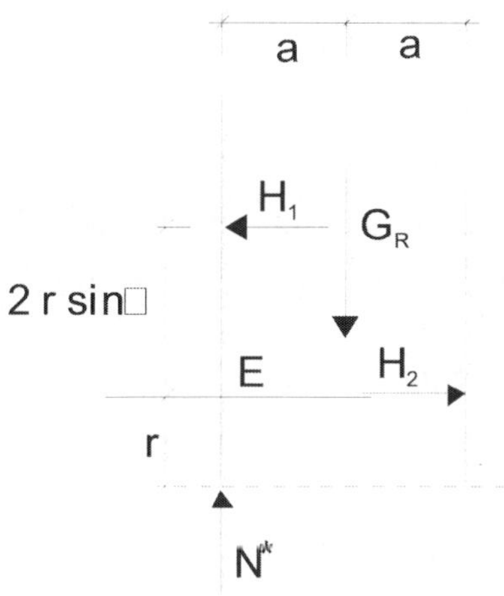

Bild 4.16c Rohrstück, das gerade nicht kippt

Aus Bild 4.16 ergibt sich die Geometrie

$$(4.70): \quad \cos\alpha = \frac{a-r}{r} = \frac{0{,}25}{0{,}75} = \frac{1}{3} \quad \Rightarrow \quad \alpha = 70{,}53^0.$$

Die Gleichgewichtsbedingungen an Kugel 1 lauten

$$(4.71): \quad \rightarrow: \quad H_1 - N\cos\alpha = 0,$$

$$(4.72): \quad \uparrow: \quad -G + N\cos\alpha = 0 \quad \Rightarrow \quad N = \frac{G}{\sin\alpha}, H_1 = G\cot\alpha.$$

Die Gleichgewichtsbedingung an Kugel 2 lautet

$$(4.73): \quad \rightarrow: \quad -H_2 + N\cos\alpha = 0 \quad \Rightarrow \quad H_2 = G\cot\alpha = H_1$$

Wenn das Rohrstück gerade nicht kippen soll, gibt es nur noch die punktförmige Lagerung, die als Einzelkraft N* (Bild 4.14 c) ausgefasst werden kann.

Mit dem Momentengleichgewicht um den Punkt E ergibt sich die Bestimmungsgleichung für das Mindestgewicht G_R des Rohrstücks

$$(4.74): \quad E \circlearrowleft \quad M_E = H_1\, 2r\sin\alpha - G_R\, a = 0,$$

daraus folgt

$$(4.75): \quad G_R \geq \frac{2r}{a} G\cos\alpha \geq 1{,}5\, G\cos\alpha \geq 0{,}5\, G.$$

AUFGABE 4.7

- Bestimmung der inneren Kräfte und der Lagerkräfte durch Schneiden
- Aufstellen der Gleichgewichtsbedingungen zur Bestimmung der Kräfte und der Geometrie

Ein gewichtsloser Stab (Länge a) wird horizontal zwischen zwei glatten, unter dem Winkel α und β geneigten, schiefen Ebenen gelegt. Auf den Stab wird ein Klotz (Gewicht G) gestellt (Bild 4.17).

gegeben: a, α , β , G

gesucht: Bestimmung des Abstands x des Klotzes vom Punkt A, für den der Stab in seiner horizontalen Lage im Gleichgewicht ist, und der Kontaktkräfte in A und B.

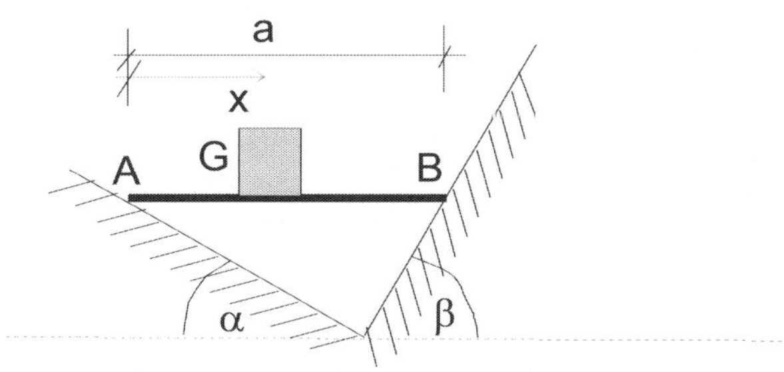

Bild 4.17 Gewichtsloser Stab zwischen zwei glatten schiefen Ebenen

LÖSUNG

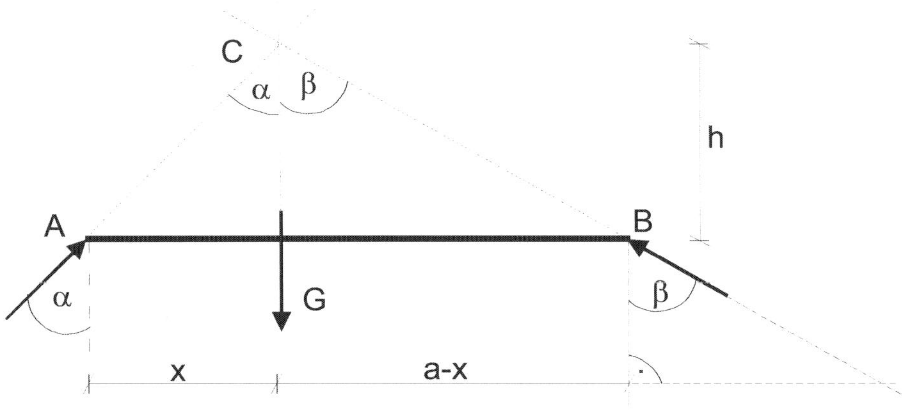

Bild 4.18 Schnittbild und Geometrie

Wenn Gleichgewicht herrschen soll, müssen die Wirkungslinien der Kräfte A, B, G durch den Punkt C gehen. Damit ergibt sich aus Bild 4.18

(4.76): $$h = x\cot\alpha = (a - x)\cot\beta \quad \Rightarrow \quad \frac{x}{a} = \frac{\cot\beta}{\cot\beta + \cot\alpha}.$$

Die Kontaktkräfte in A und B ergeben sich aus den Gleichgewichtsbedingungen

(4.77): $$A \curvearrowleft \quad -G\,x + B\cos\beta\,a = 0,$$

mit (4.75) folgt

$$(4.78):\quad B=\frac{x\,G}{a\cos\beta}=\frac{\sin\alpha}{\sin(\alpha+\beta)}G,$$

(4.79): B ↶

$$G(a-x)-A\cos\alpha\,a=0\quad\Rightarrow\quad A=\frac{(a-x)\,G}{a\cos\alpha}=\frac{\sin\beta}{\sin(\alpha+\beta)}G.$$

AUFGABE 4.8

- Bestimmung der inneren Kräfte und der Lagerkräfte durch Schneiden
- Aufstellen der Gleichgewichtsbedingungen zur Bestimmung der Kräfte

Ein Wagen mit dem Gewicht Q wird auf einer schiefen Ebene ($\alpha=30^0$) durch ein Seil gehalten (Bild 4.19).

gegeben: a, Q, α

gesucht: Bestimmung der Seilkraft S und der Radaufstandskräfte in A und B.

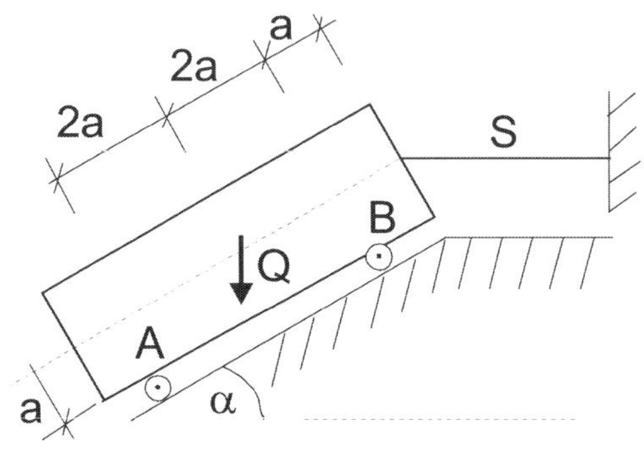

Bild 4.19 Wagen auf schiefer Ebene

LÖSUNG

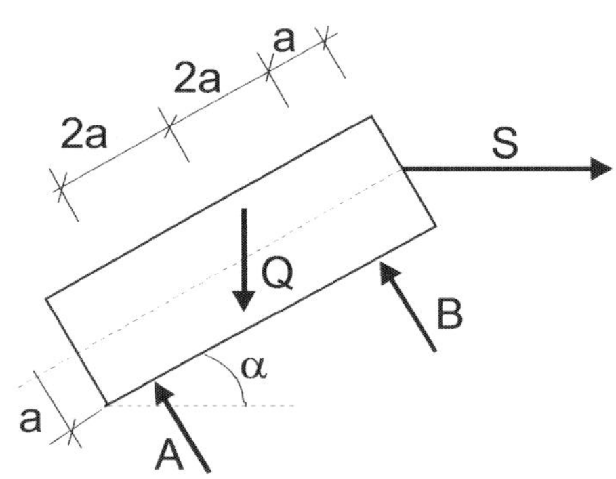

Bild 4.20 Schnittbild

Die Gleichgewichtsbedingungen lauten

$$(4.80): \quad \nearrow: -Q\sin\alpha + S\cos\alpha = 0 \quad \Rightarrow \quad S = Q\tan\alpha$$

(4.81): A $\curvearrowleft$

$$B\,4\,a + S\sin\alpha\,5\,a - Q\cos\alpha\,2\,a - S\cos\alpha\,a + Q\sin\alpha\,a = 0.$$

Daraus folgt

(4.82): $$B = \frac{Q(5\sin^2\alpha + 2\cos^2\alpha)}{4\cos\alpha}$$

(4.83): B $\curvearrowleft$

$$A\,4\,a - Q\cos\alpha\,2\,a - Q\sin\alpha\,a + S\cos\alpha\,a + S\sin\alpha\,a = 0.$$

Daraus folgt

(4.84): $$A = \frac{Q(2\cos^2\alpha - \sin^2\alpha)}{4\cos\alpha}$$

AUFGABE 4.9

- Bestimmung der inneren Kräfte und der Lagerkräfte durch Schneiden
- Aufstellen der Gleichgewichtsbedingungen zur Bestimmung der Kräfte und der Geometrie

Ein Balken $\overline{AB}$ (Länge a, Gewicht Q) wird am Ende B von einem Seil $\overline{BC}$ (Länge s) gehalten, am Ende A liegt er an einer glatten, senkrechten Wand (Bild 4.21).

gegeben: a, Q, s

gesucht: Bestimmung des Abstands x, bei dem sich der Balken im Gleichgewicht befindet.

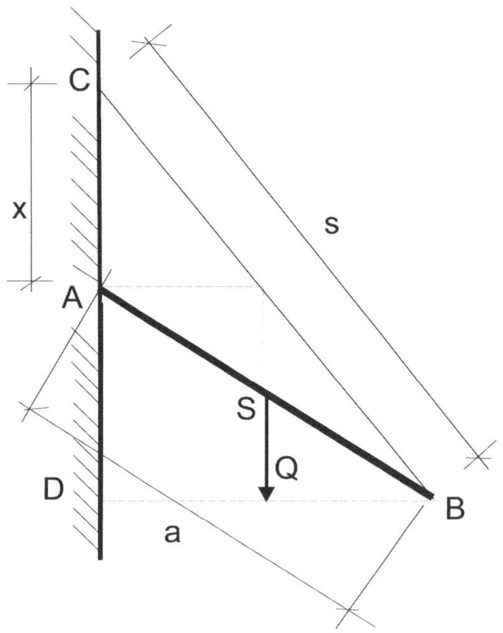

Bild 4.21 Balken $\overline{AB}$ und Seil $\overline{BC}$

LÖSUNG

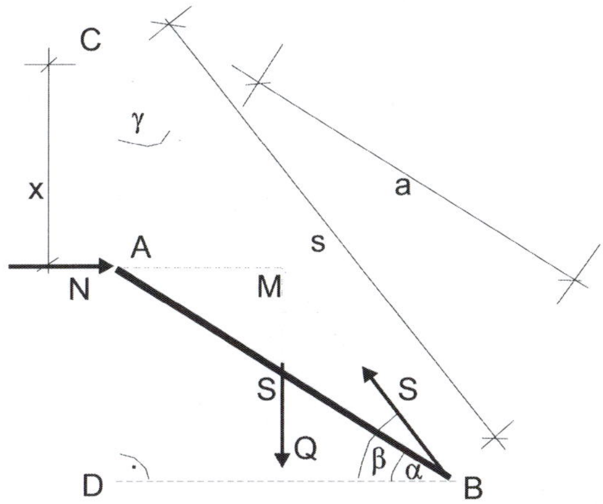

Bild 4.22a Lageplan

Gleichgewicht herrscht, wenn alle die Wirkungslinien von Q, N und S durch einen Punkt, den Punkt M, gehen.

Aus Bild 4.22 b folgt die Geometrie im Dreieck BCD

$$(4.85): \quad a = \sqrt{l^2 + x^2}, s = \sqrt{l^2 + 4x^2},$$

$$(4.86): \quad l^2 = s^2 - 4x^2 \quad \Rightarrow \quad x^2 = a^2 - l^2,$$

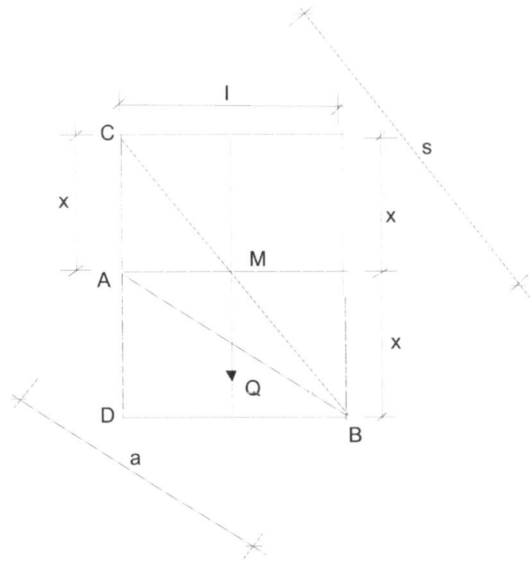

Bild 4.22b Geometrie

$$(4.87):\quad x=\sqrt{\frac{s^2-a^2}{3}}.$$

AUFGABE 4.10

- Bestimmung der inneren Kräfte und der Lagerkräfte durch Schneiden
- Aufstellen der Gleichgewichtsbedingungen zur Bestimmung der Stabkräfte

An einer Halbkreisscheibe (Radius r, Gewicht G) greift ein Moment M_0 an (Bild 4.23).

gegeben: r, G, M_0, $\alpha_1 = 45^0$, $\alpha_3 = 30^0$

gesucht: Bestirnmung der Stabkräfte S_1, S_2 und S_3.

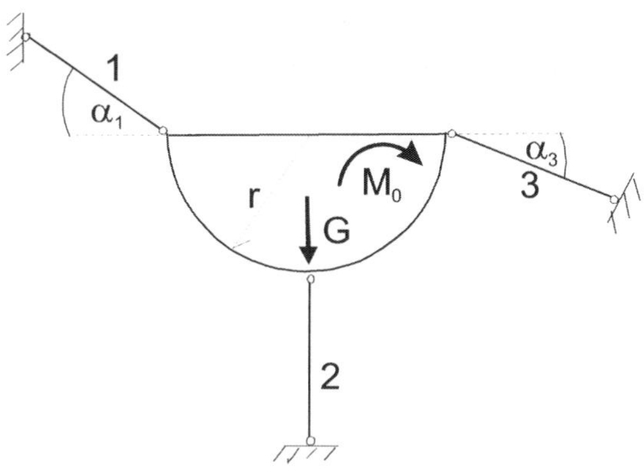

Bild 4.23 Halbkreisscheibe mit Lagerung

LÖSUNG

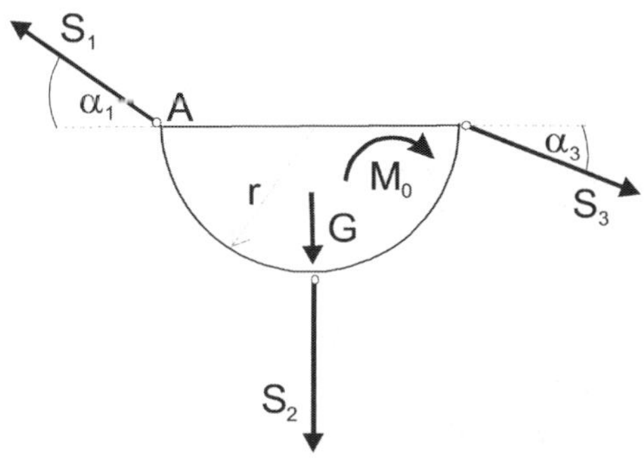

Bild 4.24 Schnittbild

Die Gleichgewichtsbedingungen lauten

(4.94): $\uparrow$: $S_1 \sin\alpha_1 - G - S_2 - S_3 \sin\alpha_3 = 0,$

(4.95): $\rightarrow$: $S_1 \cos\alpha_1 - S_3 \cos\alpha_3 = 0,$

(4.96): A $\curvearrowleft$ $-Gr - S_2 r - S_3 \sin\alpha_3\, 2r - M_0 = 0.$

Mit dem Eliminationsverfahren

$(4.95) * \sin\alpha_1 + (4.94) * \cos\alpha_1$:

(4.96a) $$S_3 \cos\alpha_3 \sin\alpha_1 - S_3 \sin\alpha_3 \cos\alpha_1 - \\ - S_2 \cos\alpha_1 - G \cos\alpha_1 = 0$$

$(4.96) * \cos\alpha_1 * (-1) + (4.96a) * r$:

(4.96b) $$2r\, S_3 \sin\alpha_3 \cos\alpha_1 + r\, S_3 \cos\alpha_3 \sin\alpha_1 - \\ - r\, S_3 \sin\alpha_3 \cos\alpha_1 + r\, G \cos\alpha_1 - r\, G\cos\alpha_1 + M_0 \cos\alpha_1 = 0$$

Mit

(4.96c) $r\,S_3 \sin\alpha_3 \cos\alpha_1 + r\,S_3 \cos\alpha_3 \sin\alpha_1 +$

$$+ M_0 \cos\alpha_1 = 0$$

$$\Rightarrow \quad S_3 = \frac{-M_0 \cos\alpha_1}{r(\sin\alpha_3 \cos\alpha_1 + r\,S_3 \cos\alpha_3 \sin\alpha_1)}$$

den trigonometrischen Beziehungen $\sin\alpha_1 = \sin 45^0 = \frac{\sqrt{2}}{2}$,

$\cos\alpha_1 = \cos 45^0 = \frac{\sqrt{2}}{2}$, $\sin\alpha_3 = \sin 30^0 = \frac{1}{2}$, $\cos\alpha_3 = \cos 30^0 = \frac{\sqrt{3}}{2}$

folgt aus (4.96c)

$$(4.97): \quad S_1 = \frac{\sqrt{6}}{2} S_3,$$

in (4.93) und (4.95) ergibt

$$(4.98): \quad S_1 = -\frac{M_0}{r}\frac{\sqrt{6}}{\sqrt{3}+1}, S_2 = -G - \frac{M_0}{r}\frac{\sqrt{3}-1}{\sqrt{3}+1},$$

$$S_3 = -\frac{M_0}{r}\frac{2}{\sqrt{3}+1}.$$

AUFGABEN ZU KAPITEL 5: LAGERREAKTIONEN BEI EBENEN TRAGWERKEN

AUFGABE 5.1

- Bestimmung der Lagerkräfte durch Schneiden an den Lagern
- es handelt sich links um ein einwertiges Lager und rechts um ein zweiwertiges Lager
- Belastung durch Einzelkräfte und Einzelmoment
- Aufstellen der Gleichgewichtsbedingungen zur Bestimmung der Lagerkräfte

Ein Träger wird mit den Kräften F_1, F_2, F_3 und einem Moment M_B belastet (Bild 5.19).

gegeben: $\alpha = 45^0$, F_1, F_2, F_3, M_B, a

gesucht: Bestimmung der Auflagerkräfte A und B

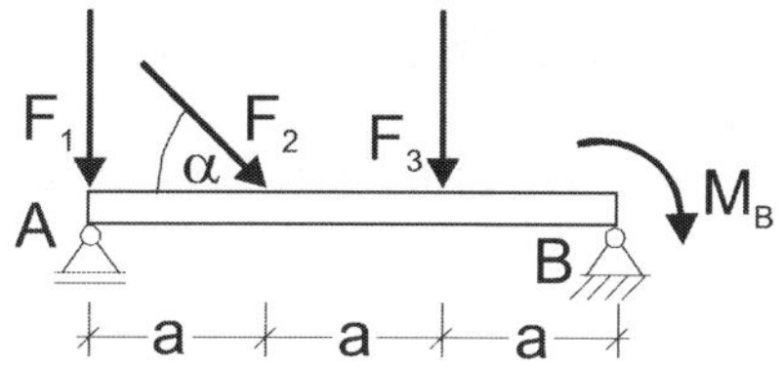

Bild 5.19 Träger mit den Kräften F_1, F_2, F_3 und dem Moment M_B

LÖSUNG

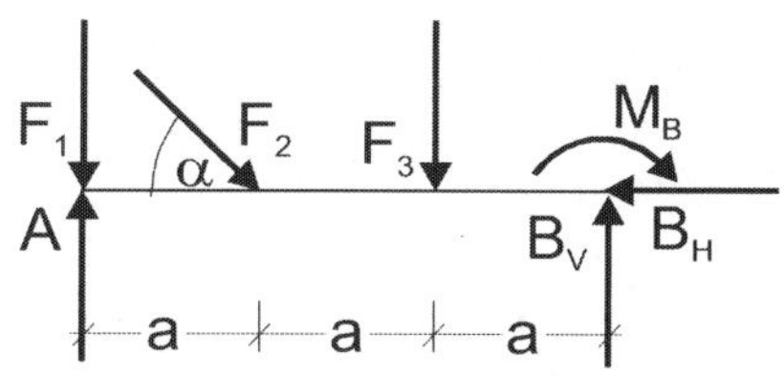

Bild 5.20 Schnittbild

Aus den Gleichgewichtsbedingungen werden die Lagerreaktionen bestimmt

$$(5.25): \quad \rightarrow: \quad F_2 \cos\alpha - B_H = 0 \quad \Rightarrow \quad B_H = F_2 \cos\alpha = F_2 \frac{\sqrt{2}}{2}$$

$$(5.26): \quad A \curvearrowleft \quad F_2\, a \sin\alpha + F_3\, 2\,a - B_V\, 3\,a + M_B = 0$$

$$\Rightarrow \quad B_V = \frac{1}{3a}\left(F_2\, a \sin\alpha + F_3\, 2a + M_B\right)$$

$$F_2\,2a\sin\alpha + F_3\,a + F_1\,3a - A\,3a - M_B = 0$$

(5.26): B ↶

$$\Rightarrow \quad A = \frac{1}{3a}(F_2\,2a\sin\alpha + F_3\,a + F_1\,3a - M_B)$$

AUFGABE 5.2

- Bestimmung der Lagerkräfte durch Schneiden an den Lagern
- es handelt sich um drei einwertige Lager in verschiedenen Richtungen
- Aufstellen der Gleichgewichtsbedingungen zur Bestimmung der Lagerkräfte

Ein Träger wird mit der Kraft F_1 und dem Kräftepaar F_2 * h belastet (Bild 5.21). In C hat der Träger ein schräg gestelltes, einwertiges Lager.

gegeben: F_1, F_2, a, h, α

gesucht: Bestimmung der Auflagerkräfte A, B und C

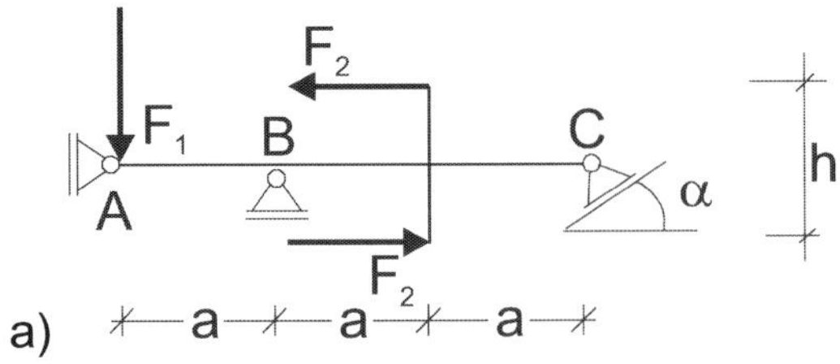

Bild 5.21 a) Träger mit der Kraft F_1 und dem Kräftepaar F_2 * h

LÖSUNG

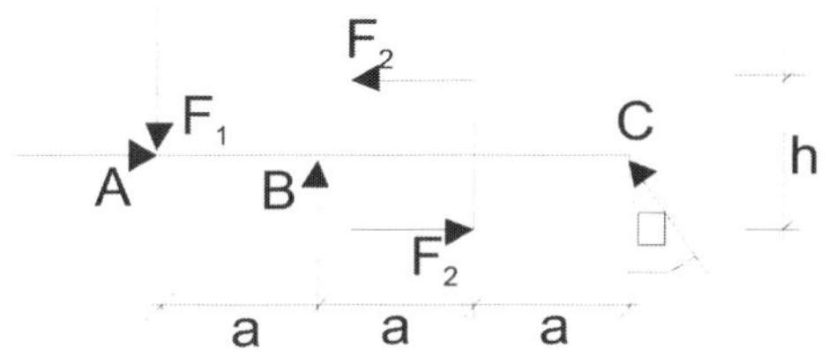

Bild 5.22 Schnittbild

Aus den Gleichgewichtsbedingungen werden die Lagerreaktionen bestimmt

$$(5.28): \quad \rightarrow: \quad C \sin\alpha - A = 0$$

$$(5.29): \quad B \curvearrowleft \quad -C \cos\alpha \, 2a - F_1 a - F_2 h = 0$$

Daraus folgt

$$(5.30): \quad C = \frac{-F_1 a - F_2 h}{2a \cos\alpha}, \; A = \frac{-F_1 a - F_2 h}{2a} \tan\alpha,$$

$$(5.31): \quad C \curvearrowleft$$

$$-F_2 h - F_1 3a + B \, 2a = 0. \quad \Rightarrow \quad B = \frac{1}{2a}(F_2 h + F_1 3a)$$

AUFGABE 5.3

- Bestimmung der Lagerkräfte durch Schneiden an den Lagern
- es handelt sich links um ein zweiwertiges Lager und rechts um ein einwertiges Lager
- Aufstellen der Gleichgewichtsbedingungen zur Bestimmung der Lagerkräfte

Ein Träger wird mit den Kräften F_1, F_2 und F_3 belastet (Bild 5.20).

gegeben: $\alpha = 30^0$, F_1, F_2, F_3, a

gesucht: Bestimmung der Auflagerkräfte A und B

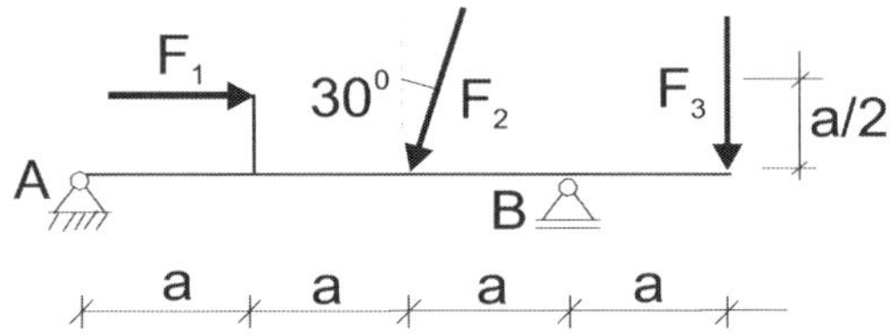

Bild 5.23 Träger mit den Kräften F_1, F_2 und F_3

LÖSUNG

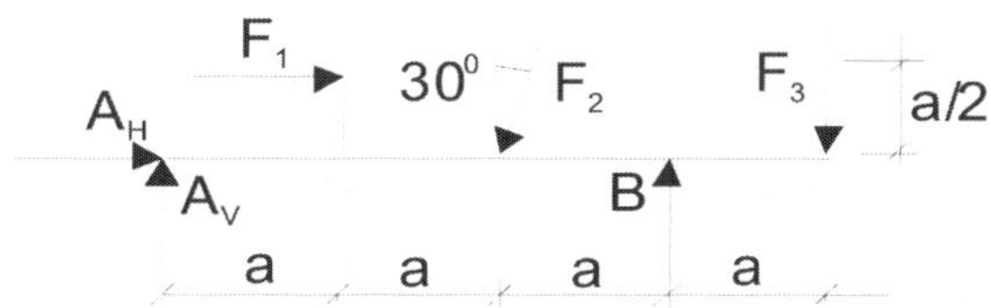

Bild 5.24 Schnittbild

Aus den Gleichgewichtsbedingungen werden die Lagerreaktionen bestimmt

(5.32): $\rightarrow$: $A_H = -F_1 + F_2 \sin\alpha$

(5.33): A $\curvearrowleft$

$$F_1 \frac{a}{2} + F_2 \cos\alpha \, 2a - B\, 3a + F_3 \, 4a = 0$$

$$\Rightarrow \quad B = \frac{1}{3}\left(\frac{1}{2} F_1 + 2 F_2 \cos\alpha + 4 F_3\right)$$

(5.34): B $\curvearrowleft$

$$A_V \, 3a + F_1 \frac{a}{2} - F_2 \cos\alpha \, a + F_3 \, a = 0$$

$$\Rightarrow \quad A_V = \frac{1}{3}\left(-\frac{1}{2} F_1 + F_2 \cos\alpha - F_3\right)$$

AUFGABE 5.4

- Bestimmung der Lager- und Seilkräfte durch Schneiden an den Lagern

- Es handelt sich um ein zweiwertiges Lager und durch die Seilkraft jeweils um ein einwertiges Lager
- Seilkraft über Umlenkrollen
- Scheibengewicht G im Schwerpunkt
- Aufstellen der Gleichgewichtsbedingungen zur Bestimmung der Lagerkräfte

Eine dreieckige, schwere Scheibe (Gewicht G) wird in A durch ein zweiwertiges Lager und in B und C durch ein Seil S gehalten. Das Seil wird durch zwei Umlenkrollen geführt. Das Scheibengewicht G greift im Schwerpunkt S_{Sch} der Scheibe an (Bild 5.25).

gegeben: Scheibengewicht G, a, h

gesucht: Bestimmung der Auflagerkraft A und der Seilkraft S

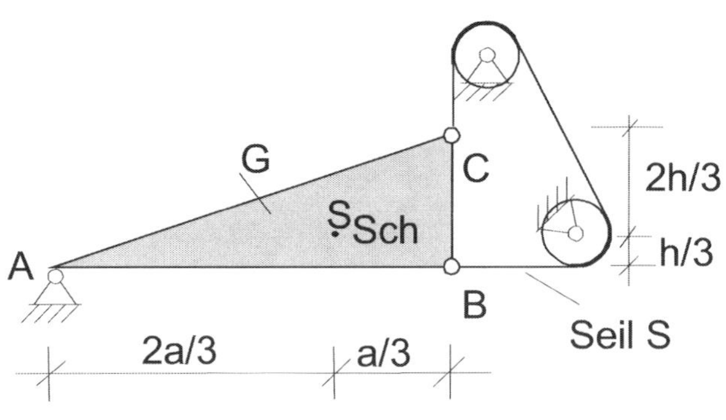

Bild 5.25 Dreieckige, schwere Scheibe

LÖSUNG

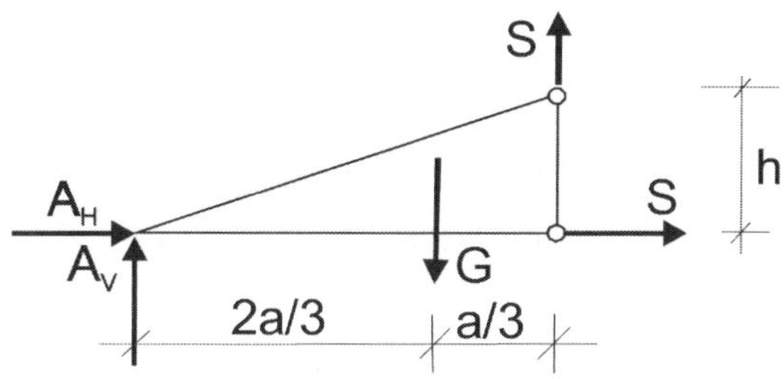

Bild 5.26 Schnittbild

Durch die Umlenkrollen greift an jedem Seilende die Seilkraft S an der Scheibe an.

Aus den Gleichgewichtsbedingungen werden die Lagerreaktionen bestimmt

$$(5.35):\quad A \circlearrowleft \quad S\,a - G\frac{2}{3}a = 0 \quad\Rightarrow\quad S = G\frac{2}{3},$$

$$(5.36):\quad \rightarrow:\quad A_H + S = 0 \quad\Rightarrow\quad A_H = -S = G\frac{2}{3},$$

$$(5.37):\quad \uparrow:\quad A_V - G + S = 0 \quad\Rightarrow\quad A_V = G - S = G\frac{1}{3}.$$

AUFGABE 5.5

- Bestimmung der Lager- und Seilkräfte durch Schneiden an den Lagern
- Es handelt sich links um ein zweiwertiges Lager und rechts einwertiges um ein Lager
- Krafteinleitung über Hebel
- Aufstellen der Gleichgewichtsbedingungen zur Bestimmung der Lagerkräfte

Ein Träger wird mit der Kraft F am Hebel der Länge c belastet (Bild 5.27).

gegeben: F, a, b, c

gesucht: Bestimmung der Auflagerkräfte A und B

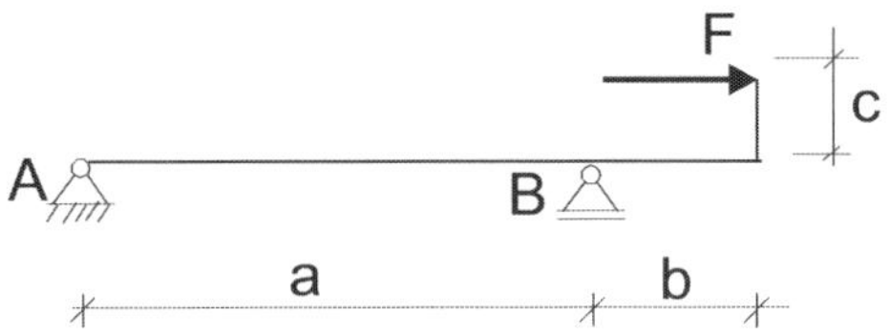

Bild 5.27 Träger mit der Kraft F am Hebel

LÖSUNG

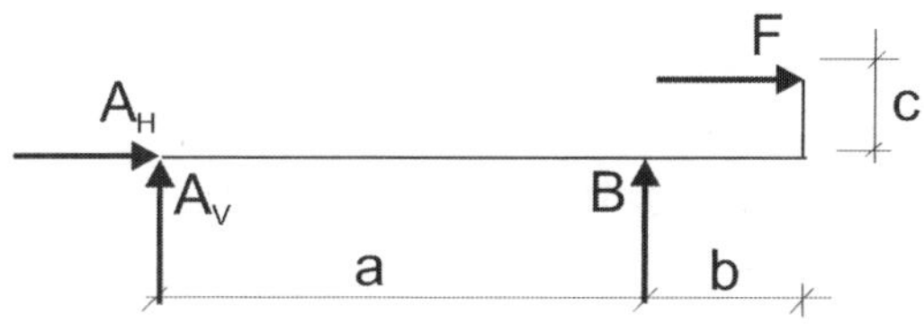

Bild 5.28 Schnittbild

Aus den Gleichgewichtsbedingungen werden die Lagerreaktionen bestimmt

$$(5.38): \quad \rightarrow: \quad A_H = -F,$$

$$(5.39): \quad A \curvearrowleft \quad B\,a - F\,c = 0 \;\Rightarrow\; B = F\,\frac{c}{a},$$

$$(5.40): \quad B \curvearrowleft \quad A_V\,a + F\,c = 0 \;\Rightarrow\; A_V = -F\,\frac{c}{a}.$$

AUFGABE 5.6

- Bestimmung der Lager- und Seilkräfte durch Schneiden an den Lagern
- Es handelt sich links um ein zweiwertiges Lager und rechts um ein einwertiges Lager

- Kräfte an einem ebenen System
- Aufstellen der Gleichgewichtsbedingungen zur Bestimmung der Lagerkräfte

Eine Scheibe wird mit den Kräften F_1, F_2, F_3 und F_4 belastet (Bild 5.29).

gegeben: α_1, α_3, F_1, F_2, F_3, F_4, a, h

gesucht: Bestimmung der Auflagerkräfte A und B

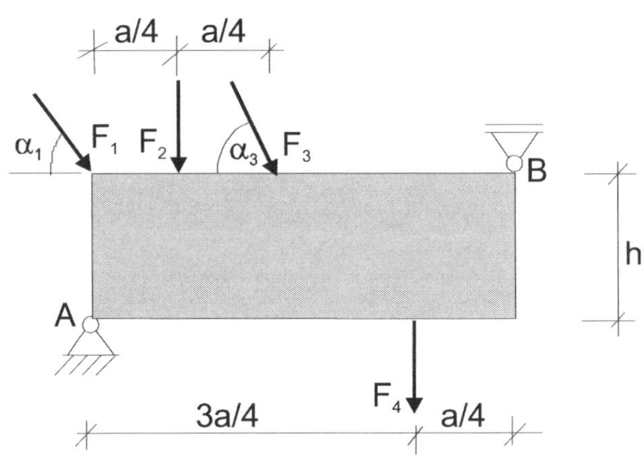

Bild 5.29 Scheibe mit den Kräften F_1, F_2, F_3 und F_4

LÖSUNG

Aus der Geometrie folgt

(5.41): $\alpha_1 = 45°: \sin\alpha_1 = \cos\alpha_1 = \frac{\sqrt{2}}{2}$,

(5.42): $\alpha_3 = 60°: \sin\alpha_3 = \frac{\sqrt{3}}{2}, \cos\alpha_3 = \frac{1}{2}$.

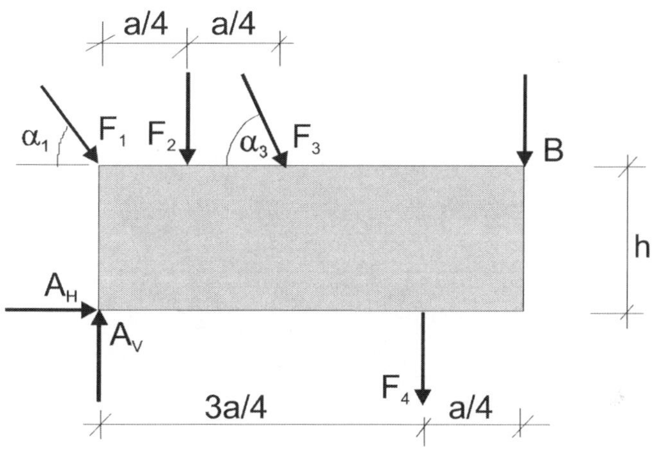

Bild 5.30 Schnittbild

Aus den Gleichgewichtsbedingungen werden die Lagerreaktionen bestimmt

(5.43): $\rightarrow$: $A_H = -F_1 \cos\alpha_1 - F_3 \cos\alpha_3$,

(5.44): $A \circlearrowleft$

$$F_1 \cos\alpha_1 h + F_2 \frac{a}{4} + F_3 \sin\alpha_3 \frac{a}{2} + F_3 \cos\alpha_3 h + B a + F_4 \frac{3}{4} a = 0$$

$$\Rightarrow \quad B = \left(- F_1 \cos\alpha_1 \frac{h}{a} - \frac{1}{4} F_2 - \frac{1}{2} F_3 \sin\alpha_3 - F_3 \cos\alpha_3 \frac{h}{a} - \frac{3}{4} F_4\right)$$

(5.45): $B \circlearrowleft$

$$A_V a - F_4 \frac{a}{4} - A_H h - F_1 \sin\alpha_1 a - F_2 \frac{3}{4} a - F_3 \sin\alpha_3 \frac{a}{2} = 0$$

$\Rightarrow$

$$A_V = \left(\frac{1}{4} F_4 - (F_1 \cos\alpha_1 + F_3 \cos\alpha_3)\frac{h}{a} + F_1 \sin\alpha_1 + \frac{3}{4} F_2 + \frac{1}{2} F_3 \sin\alpha_3\right)$$

Zur Kontrolle wird eine noch nicht benutzte Gleichgewichtsbedingung verwendet

(5.46): $\uparrow$: $A_V - B - F_3 \sin\alpha_3 - F_2 - F_1 \sin\alpha_1 = 0$,

eingesetzt ergibt

(5.47): $$\frac{1}{4}F_4 - F_1\cos\alpha_1\frac{h}{a} - F_3\cos\alpha_3\frac{h}{a} + F_1\sin\alpha_1 + \frac{3}{4}F_2$$
$$+\frac{1}{2}F_3\sin\alpha_3 - F_4 + F_1\cos\alpha_1\frac{h}{a} + \frac{1}{4}F_2 + \frac{1}{2}F_3\sin\alpha_3$$
$$+F_3\cos\alpha_3\frac{h}{a} + \frac{3}{4}F_4 - F_3\sin\alpha_3 - F_2 - F_1\sin\alpha_1 = 0.$$

Damit bestätigt sich die Lösung.

AUFGABE 5.7

- Bestimmung der Lager- und Seilkräfte durch Schneiden an den Lagern
- Es handelt sich um zwei Pendelstützen, die jeweils einem einwertigen Lager entsprechen, da in die Stützen nur eine axiale Kraft eingeleitet werden kann, und rechts um ein einwertiges Lager.
- Aufstellen der Gleichgewichtsbedingungen zur Bestimmung der Lagerkräfte

Ein Träger wird mit der Kraft F in zwei Punkten belastet (Bild 5.31). In A besteht das Lager aus zwei Pendelstützen, in B aus einem einwertigen Lager.

gegeben: F, a

gesucht: Bestimmung der Auflagerkraft B und der Stabkräfte S_1, S_2

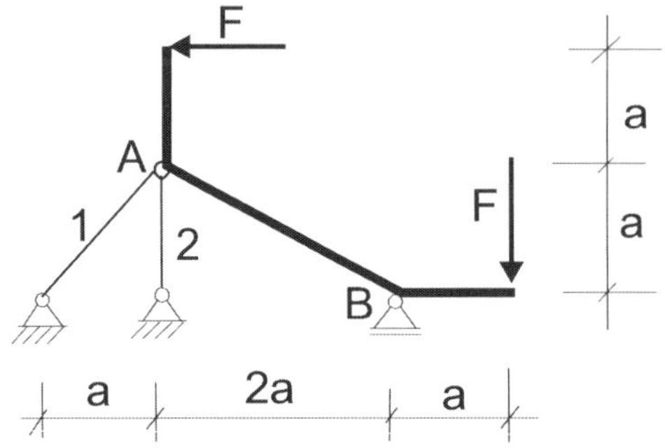

Bild 5.31 Träger mit der Kraft F

LÖSUNG

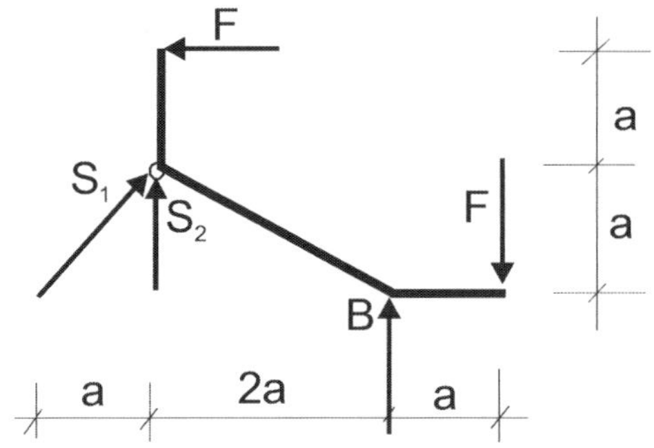

Bild 5.32 Schnittbild

Aus den Gleichgewichtsbedingungen werden die Lagerreaktionen bestimmt

$$(5.48): \quad \rightarrow: \quad S_1 \frac{\sqrt{2}}{2} = F \quad \Rightarrow \quad S_1 = \sqrt{2}\, F,$$

(5.49): $A \curvearrowleft$

$$F a + B\,2a - F\,3a = 0 \quad \Rightarrow \quad B = \frac{1}{2a}(F\,3a - F a) = F,$$

(5.50): $\uparrow$: $S_2 + B + S_1 \frac{\sqrt{2}}{2} - F = 0$

$$\Rightarrow \quad S_2 = -F - \frac{\sqrt{2}}{2}\sqrt{2}\,F + F = -F.$$

AUFGABE 5.8

- Bestimmung der Lager- und Gelenkkräfte durch Schneiden an den Lagern und Gelenken
- Es handelt sich in A und B um jeweils ein zweiwertiges Lager und ein Gelenk in C
- Belastung des Systems über die Seilkraft an einer Rolle auf dem System
- Aufstellen der Gleichgewichtsbedingungen an Teilsystemen zur Bestimmung der Lager- und Gelenkkräfte

Ein aus Balken und einer Rolle zusammengesetztes System wird über ein Seil mit dem Gewicht F belastet (Bild 5.33).

gegeben: F, a

gesucht: Bestimmung der Auflagerkraft A und B und der Gelenkkraft C.

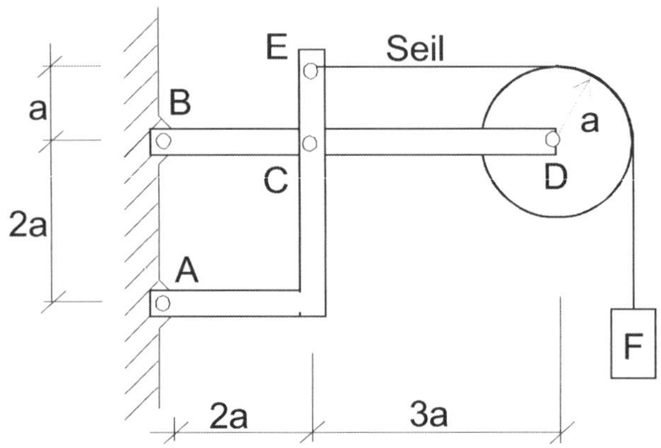

Bild 5.33 Zusammengesetztes System

LÖSUNG

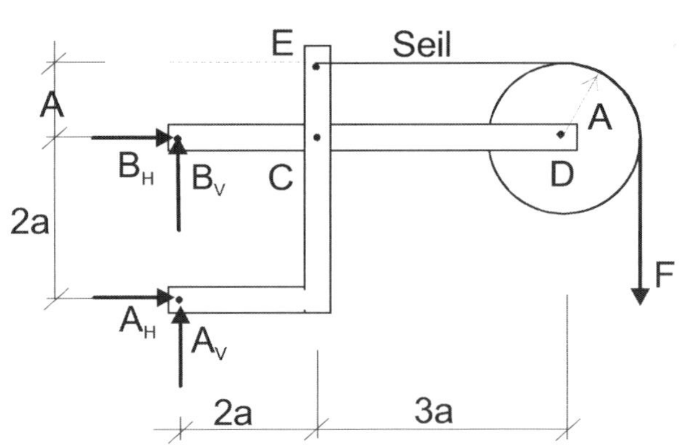

Bild 5.34 Schnittbild des Gesamtsystems

Aus den Gleichgewichtsbedingungen werden die Lagerreaktionen bestimmt. Sie lauten am Gesamtsystem

$$(5.51):\quad A \circlearrowleft \quad B_H\, 2a + F\, 6a = 0 \quad \Rightarrow \quad B_H = -3F,$$

$$(5.52):\quad \rightarrow: \quad A_H + B_H = 0 \quad \Rightarrow \quad A_H = -B_H = 3F,$$

$$(5.53):\quad \uparrow: \quad A_V + B_V = F \quad \Rightarrow \quad B_V = F - A_V.$$

Aus diesen Gleichgewichtsbedingungen lassen sich die vier Lagerreaktionen noch nicht berechnen, deshalb muss das Tragwerk auseinandergenommen werden. Die Gelenkkräfte und die Rollenlagerkräfte bringen das System wieder in den ursprünglichen Zustand.

Dabei ist zu beachten, dass sich diese inneren Schnittkräfte beim Zusammenbau des Systems aufheben.

Diese Kräfte sind noch unbekannt, aber sie können durch weitere Gleichgewichtsbedingungen an den Teilsystemen berechnet werden.

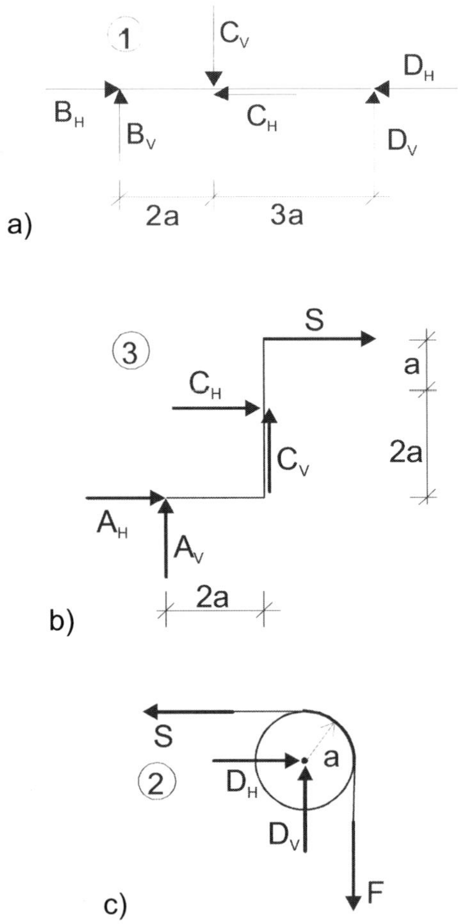

Bild 5.35 Schnittbilder der Teilsysteme; a) Stange BD, b) Stange AE; c) Rolle

Die Gleichgewichtsbedingungen am Teilsystem 2 lauten

$$(5.54):\quad D \curvearrowleft \quad S\,a - F\,a = 0 \quad \Rightarrow \quad S = F,$$

am Teilsystem 3

$$(5.55): \quad \rightarrow: \quad A_H + C_H + S = 0 \quad \Rightarrow \quad C_H = -S - A_H = -4F,$$

(5.56): C ↶

$$-A_V\, 2a - A_H\, 2a - S\, a = 0 \quad \Rightarrow \quad A_V = A_H - \frac{S}{2} = \frac{5}{2}F,$$

$$(5.57): \quad \uparrow: \quad A_V + C_V = 0 \quad \Rightarrow \quad C_V = -A_V = -\frac{5}{2}F$$

Mit (5.53) folgt

$$(5.58): \quad B_V = -\frac{3}{2}F.$$

Damit ergeben sich die Auflagerkräfte durch vektorielle Addition zu

$$(5.59): \quad A = \sqrt{A_H^2 + A_V^2} = 3{,}91F, B = 3{,}35F, C = 4{,}72F.$$

Hier können Sie eine kostenlose Strategie-Session buchen oder schreiben Sie mir, wenn Ihnen dieses Buch gefällt und Sie Anregungen oder Fragen haben.

Hier kommen Sie zu den kostenlosen Bonusmaterial zum Buch.

Hier finden meinen Blog „Selbstführung & Produktivität“. Sie helfen Ihnen, bessere Ergebnisse zu erzielen.

AUFGABEN ZU KAPITEL 6: EBENES FACHWERK

AUFGABE 6.1

- Statisch bestimmtes Fachwerk nach dem 1.Bildungsgesetz
- Bestimmung der Lagerkräfte durch die Gleichgewichtsbedingungen am Gesamtsystem
- Bestimmung der Stabkräfte durch den CREMONA-plan und durch knotenweises Schneiden

Das Fachwerk (Bild 6.20) wird mit einer Kraft F belastet.

gegeben: a, F

gesucht: Bestimmung der Auflager- und Stabkräfte

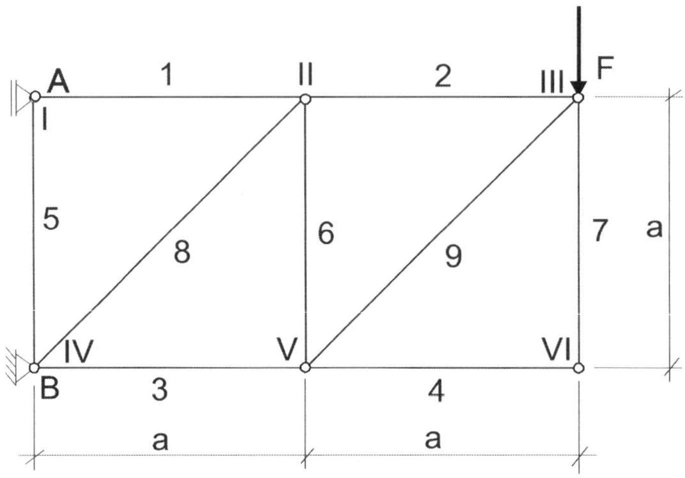

Bild 6.20 Fachwerk mit einer Kraft F

LÖSUNG

Das Fachwerk ist nach dem 1.Bildungsgesetz aufgebaut.

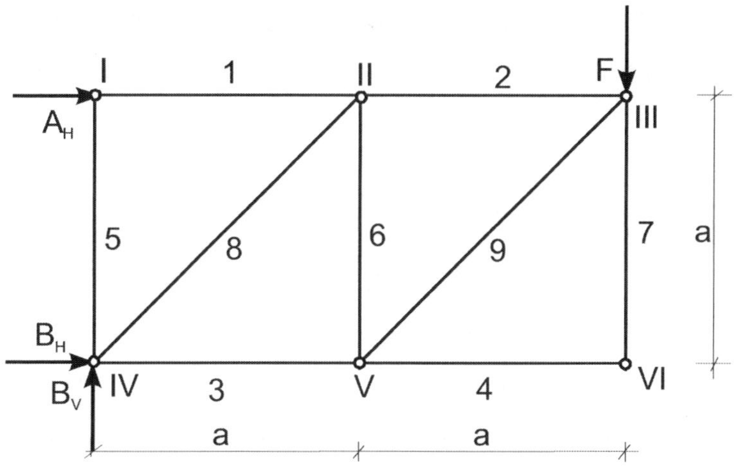

Bild 6.21 Bestimmung der Auflagerkräfte

Die Auflagerkräfte werden über die Gleichgewichtsbedingungen am Gesamtsystem bestimmt

(6.23): $\rightarrow$: $A_H = - B_H$,

(6.24): $\uparrow$: $B_V = F$,

(6.25): B $\curvearrowleft$ $A_H\, a = - F\, 2a \;\Rightarrow\; A_H = - 2F, B_H = 2F.$

1.LÖSUNGSMÖGLICHKEIT: ANALYTISCHE BESTIMMUNG DER STABKRÄFTE

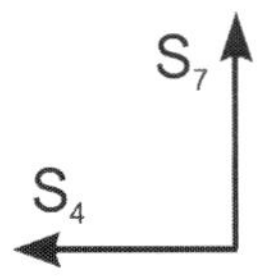

Bild 6.22 Stabkräfte am Knoten VI

Am Knoten VI (Bild 6.22) ergeben sich die Gleichgewichtsbedingungen

$$(6.26): \quad \rightarrow: \quad S_4 = 0,$$

$$(6.27): \quad \uparrow: \quad S_7 = 0,$$

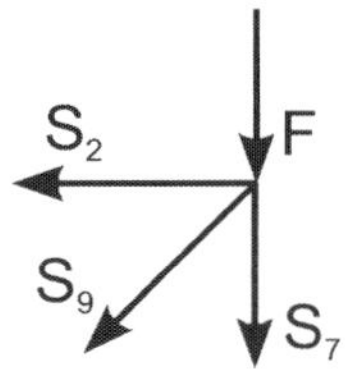

Bild 6.23 Stabkräfte am Knoten III

Am Knoten III (Bild 6.23) ergeben sich die Gleichgewichtsbedingungen

$$(6.28): \quad \rightarrow: \quad -S_2 - S_9 . \frac{\sqrt{2}}{2} = 0 \quad \Rightarrow \quad S_9 = -\sqrt{2}F$$

$$(6.29): \quad \uparrow: \quad -S_9 . \frac{\sqrt{2}}{2} - F = 0 \quad \Rightarrow \quad S_2 = F$$

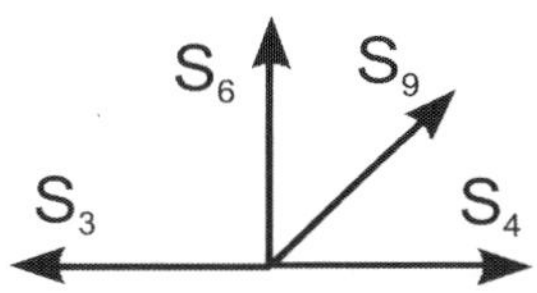

Bild 6.24 Stabkräfte am Knoten V

Am Knoten V (Bild 6.24) ergeben sich die Gleichgewichtsbedingungen

$$(6.30): \quad \rightarrow: \quad S_9 . \frac{\sqrt{2}}{2} - S_3 = 0 \quad \Rightarrow \quad S_3 = -F,$$

$$(6.31): \quad \uparrow: \quad S_6 + S_9 . \frac{\sqrt{2}}{2} = 0 \quad \Rightarrow \quad S_6 = F.$$

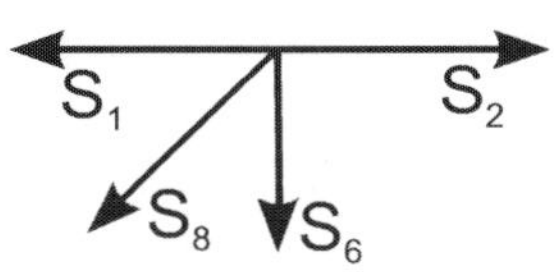

Bild 6.25 Stabkräfte am Knoten II

Am Knoten II (Bild 6.25) ergeben sich die Gleichgewichtsbedingungen

$$(6.32): \quad \rightarrow: \quad -S_1 + S_2 - S_8 \frac{\sqrt{2}}{2} = 0 \quad \Rightarrow \quad S_8 = -\sqrt{2}F,$$

$$(6.33): \quad \uparrow: \quad -S_6 - S_8 . \frac{\sqrt{2}}{2} = 0 \quad \Rightarrow \quad S_1 = 2F.$$

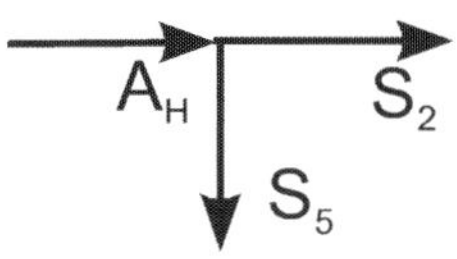

Bild 6.26 Stabkräfte am Knoten I

Am Knoten I (Bild 6.26) ergibt sich die Gleichgewichtsbedingung

$$(6.34): \quad \rightarrow: \quad A_H = -2F.$$

Die zweite Gleichgewichtsbedingung dient zur Kontrolle

$$(6.35): \quad \uparrow: \quad S_5 = 0.$$

Die Stabkräfte ergeben sich zu

$S_1=2\ F$; $S_2=F$; $S_3=-F$; $S_4=S_5=S_7=0$; $S_6=F$; $S_8=S_9=-\sqrt{2}F$;

$A_H=-2\ F$; $B_H=2\ F$; $B_v=F$

2.LÖSUNGSMÖGLICHKEIT: BESTIMMUNG DER STABKRÄFTE DURCH DEN CREMONAPLAN

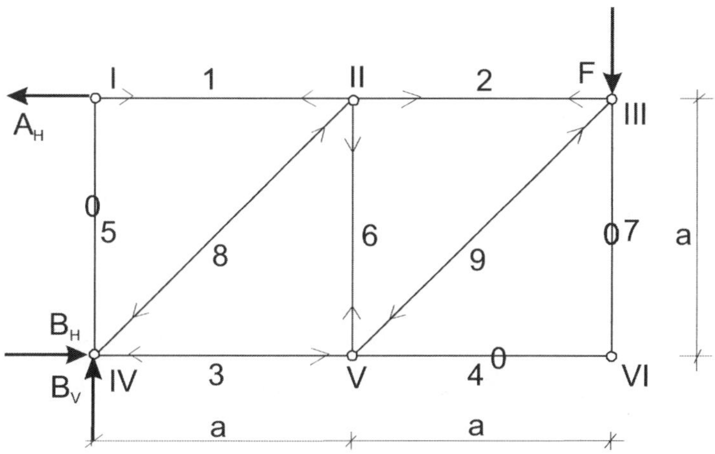

Bild 6.27a Lageplan mit Pfeilen zur Vorzeichendefinition der Stäbe und Kennzeichnung der Nullstäbe

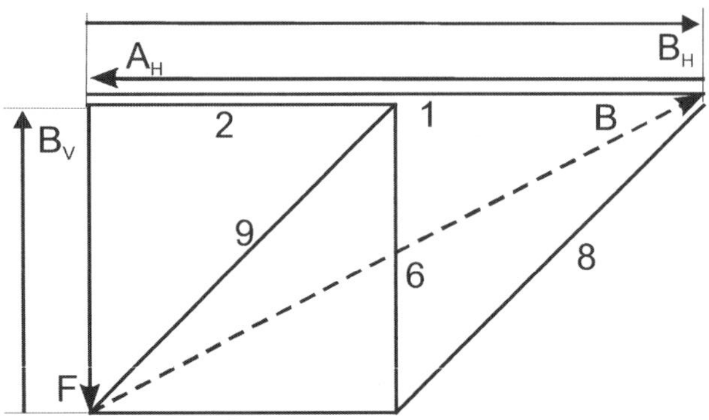

Bild 6.27b CREMONAplan; ↻ Umlaufsinn; Kräftemaßstab 1F [N] ≙ 2,9 cm

Die Stabkräfte werden aus dem Kräfteplan (Bild 6.27 b) mit Hilfe des Kräftemaßstabes durch Messen ermittelt.

AUFGABE 6.2

- Statisch bestimmtes Fachwerk nach dem 1.Bildungsgesetz
- Bestimmung der Lagerkräfte durch die Gleichgewichtsbedingungen am Gesamtsystem
- Bestimmung der Stabkräfte durch den CREMONA-plan und durch knotenweises Schneiden

Das Fachwerk (Bild 6.28) wird mit drei Kräften belastet.

gegeben: a, F

gesucht: Bestimmung der Auflager- und Stabkräfte

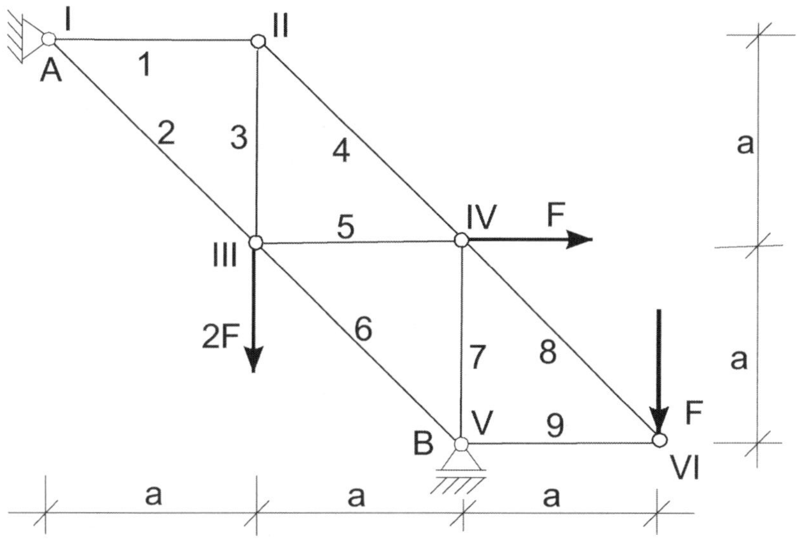

Bild 6.28 Fachwerk mit drei Kräften

LÖSUNG

Das Fachwerk ist nach dem 1.Bildungsgesetz aufgebaut.

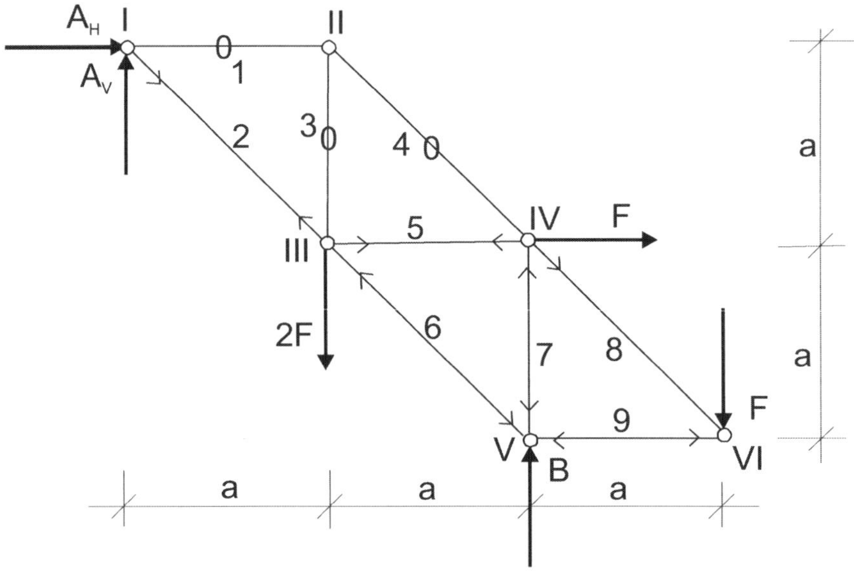

Bild 6.29 Schnittbild und Lageplan mit Pfeilen zur Vorzeichendefinition der Stäbe und Kennzeichnung der Nullstäbe

Die Auflagerkräfte werden über die Gleichgewichtsbedingungen am Gesamtsystem berechnet

(6.36): $A \curvearrowleft \quad B\,2a - F\,3a + F\,a - 2F\,a = 0 \quad \Rightarrow \quad B = 2F,$

(6.37): $\uparrow: \quad A_V - 2F - F + B = 0 \quad \Rightarrow \quad A_V = F,$

(6.38): $\rightarrow: \quad A_H = -F.$

1.LÖSUNGSMÖGLICHKEIT: BESTIMMUNG DER STABKRÄFTE DURCH DEN CREMONAPLAN

Die Stabkräfte werden durch den CREMONAplan bestimmt.

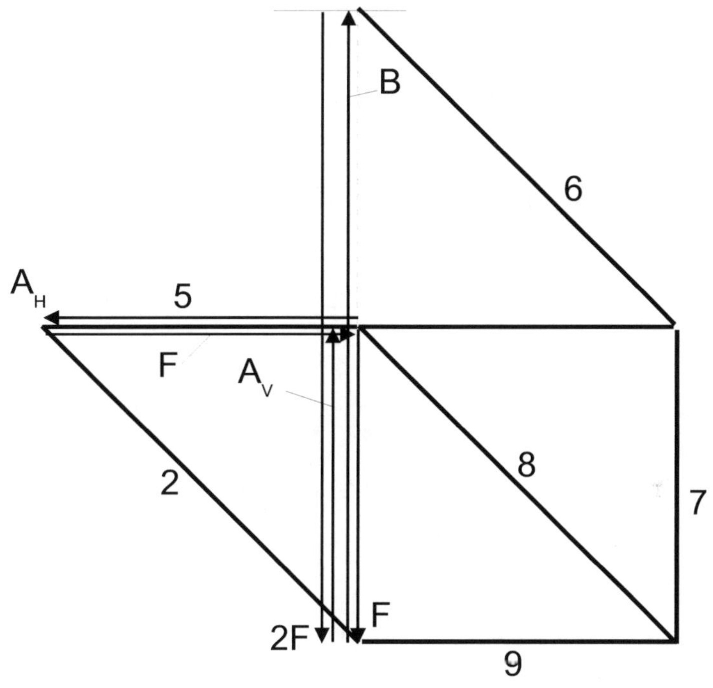

Bild 6.30 CREMONAplan; ↻ Umlaufsinn; Kräftemaßstab 1 F [N] ≙ 4,1 cm

Die gemessenen Stabkräfte sind

$$(6.39): \quad S_1 = 0, S_2 = 1.4\,F, S_3 = 0, S_4 = 0, S_5 = 2\,F,$$
$$S_6 = -1.4\,F, S_7 = -F, S_8 = 1.4\,F, S_9 = -F$$

2.LÖSUNGSMÖGLICHKEIT: ANALYTISCHE BESTIMMUNG DER STABKRÄFTE

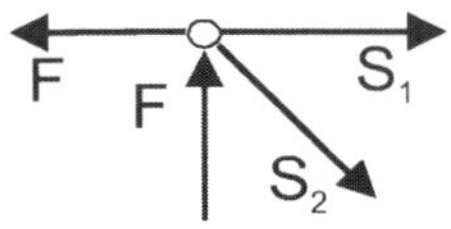

Bild 6.31 Stabkräfte am Knoten I

Am Knoten I (Bild 6.31) ergeben sich die Gleichgewichtsbedingungen

(6.40): $S_2 = \sqrt{2}\,F$,

(6.41): $S_1 = 0$,

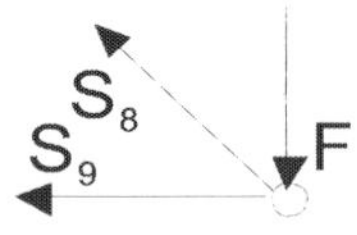

Bild 6.32 Stabkräfte am Knoten VI

Am Knoten VI (Bild 6.32) ergeben sich die Gleichgewichtsbedingungen

(6.42): $S_8 = \sqrt{2}\,F$,

$$(6.43): \quad S_9 = -F.$$

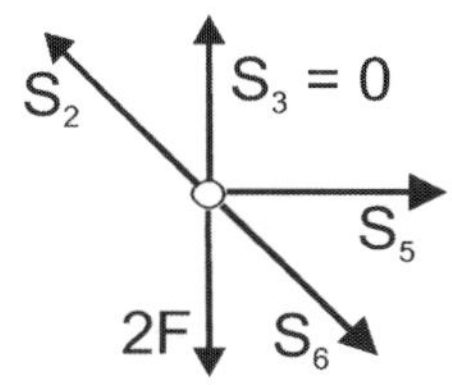

Bild 6.33 Stabkräfte am Knoten III

Am Knoten III (Bild 6.33) ergeben sich die Gleichgewichtsbedingungen

$$(6.44): \quad S_6 = -\sqrt{2}\,F,$$

$$(6.45): \quad S_5 = 2\,F.$$

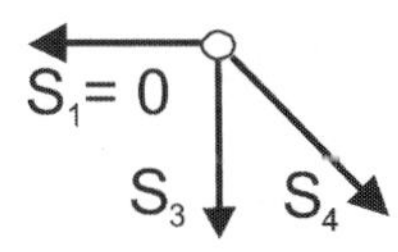

Bild 6.34 Stabkräfte am Knoten II

Am Knoten II (Bild 6.34) ergeben sich die Gleichgewichtsbedingungen

$$(6.46): \quad S_4 = 0,$$

(6.47): $S_3 = 0.$

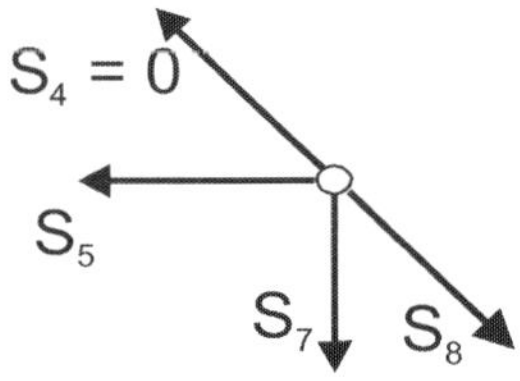

Bild 6.35 Stabkräfte am Knoten IV

Am Knoten IV (Bild 6.35) ergibt sich die Gleichgewichtsbedingung

(6.48): $S_7 = -F.$

AUFGABE 6.3

- Statisch bestimmtes Fachwerk nur teilweise nach dem 1.Bildungsgesetz
- Bestimmung der Lagerkräfte durch die Gleichgewichtsbedingungen am Gesamtsystem
- Bestimmung der Stabkräfte durch den CREMONA-plan

Das Fachwerk (Bild 6.36) wird mit der Kraft F belastet.

gegeben: a, F

gesucht: Bestimmung der Auflager- und Stabkräfte

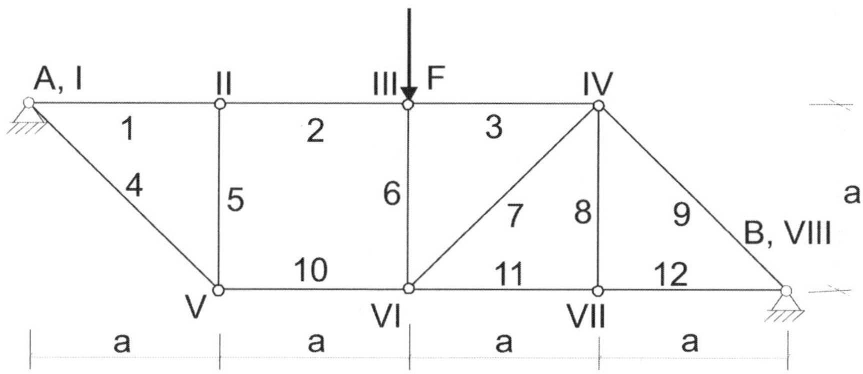

Bild 6.36 Fachwerk mit der Kraft F

LÖSUNG

Das Fachwerk ist teilweise nach dem 1.Bildungsgesetz aufgebaut, die Stäbe 2, 5, 6 und 10 bilden keine Scheibe. Deshalb muss die Kinematik des Systems überprüft werden.

Der Ersatzstab in Bild 6.37

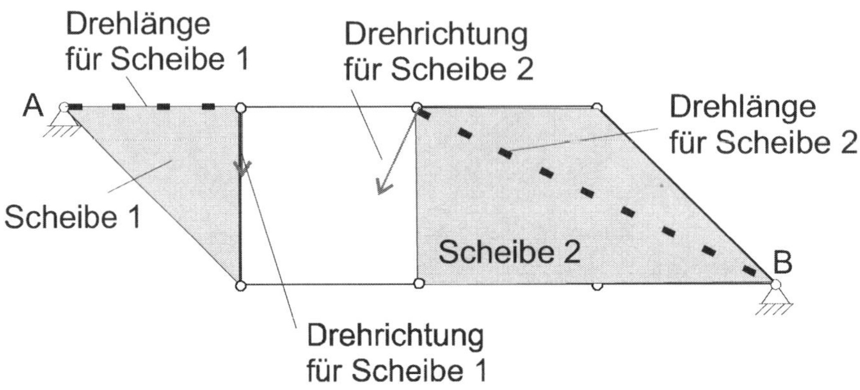

Bild 6.37 Überprüfung der statischen Bestimmtheit

Scheibe 1 dreht um A, Scheibe 2 dreht um B. Durch die unterschiedlichen Drehlängen und die unterschiedlichen Drehrichtungen wird das System in der Verdrehung behindert.

Aus Knoten I ergibt sich Stab 5 zu Null (Bedingung 3 aus Tabelle 6.1). Damit werden Stab 4 und Stab 10 ebenfalls zu Null. Daraus ergibt sich $A_V = 0$.

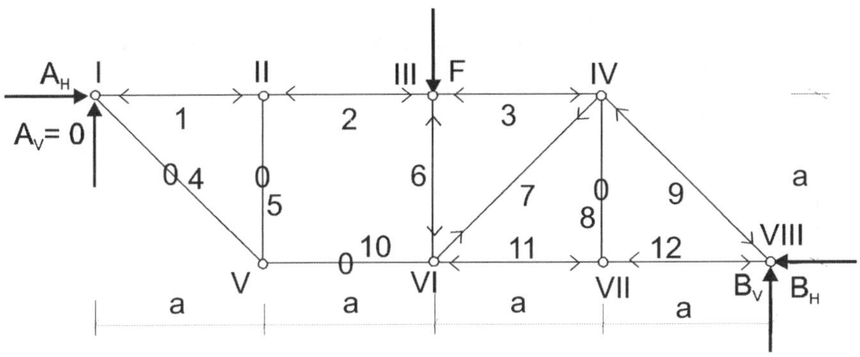

Bild 6.38 Lageplan mit Pfeilen zur Vorzeichendefinition der Stäbe und Kennzeichnung der Nullstäbe

Die Auflagerkräfte werden über die Gleichgewichtsbedingungen am Gesamtsystem berechnet

(6.49): $\rightarrow: \quad A_H = B_H,$

(6.50): B ↶ $\quad A_H\, a = F\, 2a \quad \Rightarrow \quad A_H = 2F, B_H = 2F, B_V = F.$

Die Stabkräfte werden durch den CREMONAplan bestimmt.

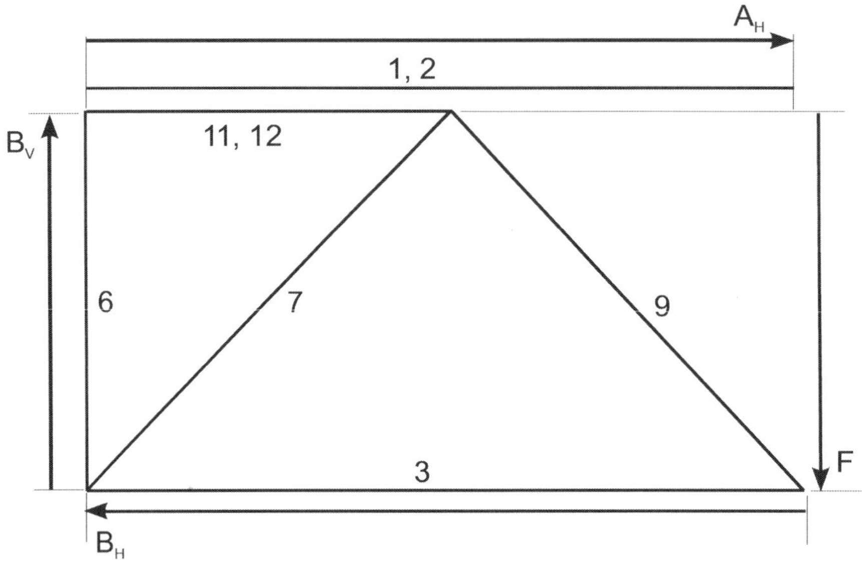

Bild 6.39 CREMONAplan; ↻ Umlaufsinn; Kräftemaßstab 1F [N] ≙ 4 cm

Die Stabkräfte ergeben sich zu

S_1=- 2 F; S_2=- 2 F; S_3=- 2 F; S_4=S_5= S_8= S_{10}=0; S_6=- F;

$S_7=\sqrt{2}F$; $S_9=-\sqrt{2}F$; S_{11}=- F; S_{12}=- F; A_H=2 F; A_V=0;

B_H=2 F; B_V=F

AUFGABE 6.4

- Statisch bestimmtes Fachwerk
- Bestimmung der Lagerkräfte durch die Gleichgewichtsbedingungen am Gesamtsystem

- Bestimmung der Stabkräfte durch den CREMONA-plan

Das Fachwerk (Bild 6.40) wird mit zwei Kräften belastet.

gegeben: a, F

gesucht: Bestimmung der Auflager- und Stabkräfte

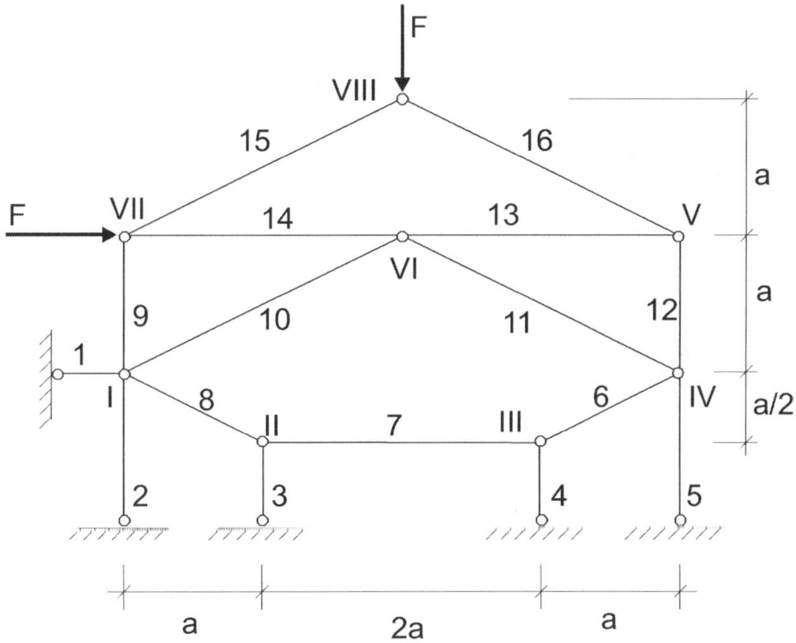

Bild 6.40 Fachwerk mit zwei Kräften

LÖSUNG

Das Fachwerk ist nur teilweise nach dem 1.Bildungsgesetz aufgebaut. Die untere Stabreihe 6, 7 und 8 bilden mit den Stäben 3 und 4 zunächst keine Scheibe. Die Kinematik muss überprüft werden.

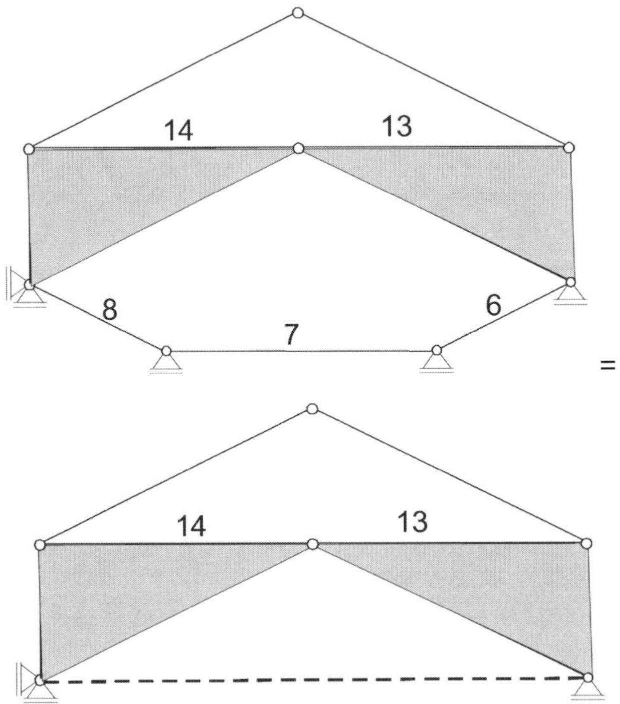

Bild 6.41 Überprüfung der statischen Bestimmtheit

Die Stäbe 6, 7, 8 sind durch die Lager unverschieblich. Als Ersatzsystem kann ein Stab ohne Unterbrechung zwischen den Knoten I und IV genommen werden.

Das System ist statisch bestimmt.

Die Stabkräfte werden durch den CREMONAplan bestimmt.

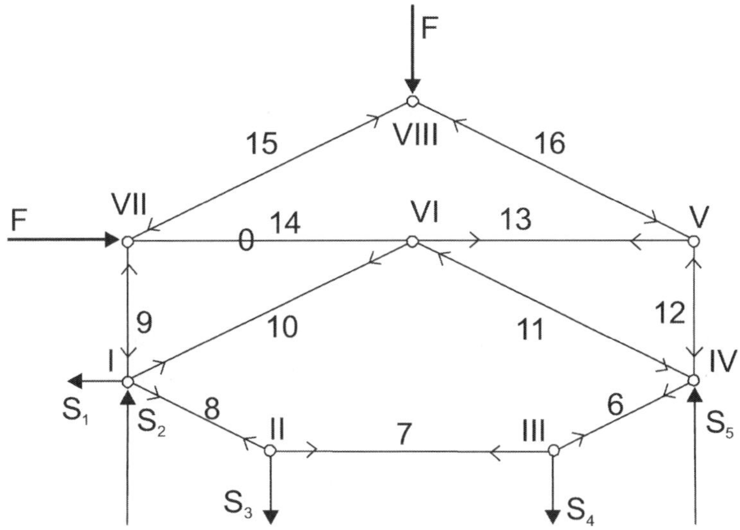

Bild 6.42a Lageplan mit Pfeilen zur Vorzeichendefinition der Stäbe und Kennzeichnung der Nullstäbe

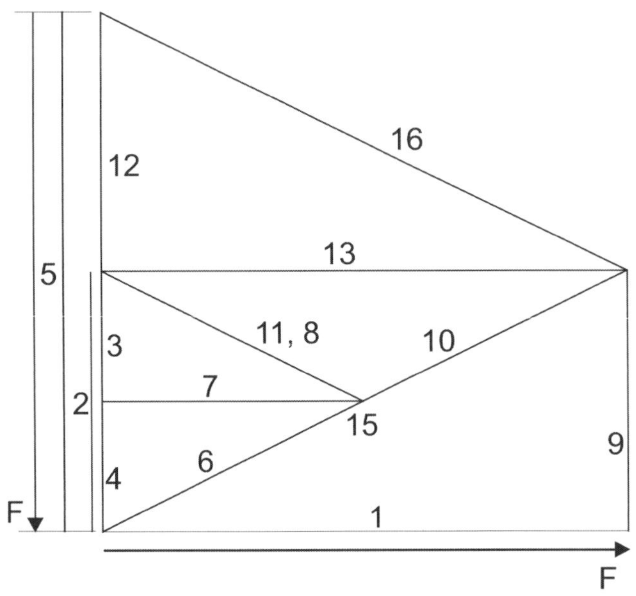

Bild 6.42b CREMONAplan; ↺ Umlaufsinn; Kräftemaßstab 1F [N] ≙ 5,6 cm

Die Stabkräfte ergeben sich zu

S_1=F; S_2=- 0.5 F; S_3= 0.25 F; S_4= 0.25 F; S_5=- F;

S_6= 0.56 F; S_7= 0.5 F; S_8= 0.56 F; S_9=- 0.5 F;

S_{10}=0.56 F; S_{11}=- 0.56 F; S_{12}=- 0.5 F; S_{13}=F;

S_{14}=0; S_{15}=- 1.1 F; S_{16}=- 1.1 F

AUFGABE 6.5

- Statisch bestimmtes Fachwerk nach dem 1.Bildungsgesetz

- Bestimmung der Lagerkräfte durch die Gleichgewichtsbedingungen am Gesamtsystem
- Bestimmung der Stabkräfte durch den CREMONAplan

Das Fachwerk (Bild 6.43) wird mit zwei Kräften belastet.

gegeben: l, F

gesucht: Bestimmung der Auflager- und Stabkräfte

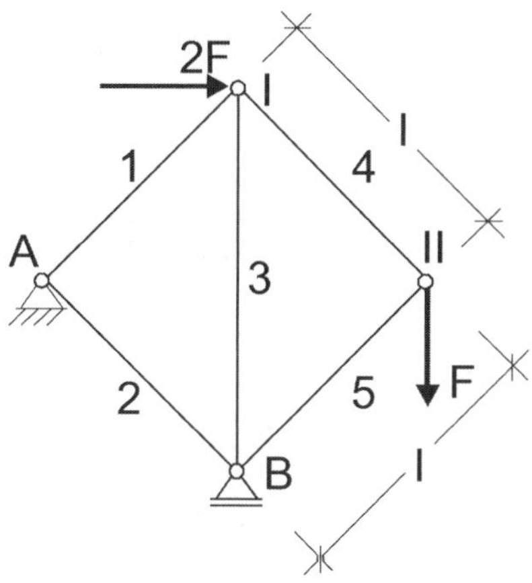

Bild 6.43 Fachwerk mit zwei Kräften

LÖSUNG

Das Fachwerk ist nach dem 1.Bildungsgesetz aufgebaut.

Die Stabkräfte werden durch den CREMONAplan bestimmt.

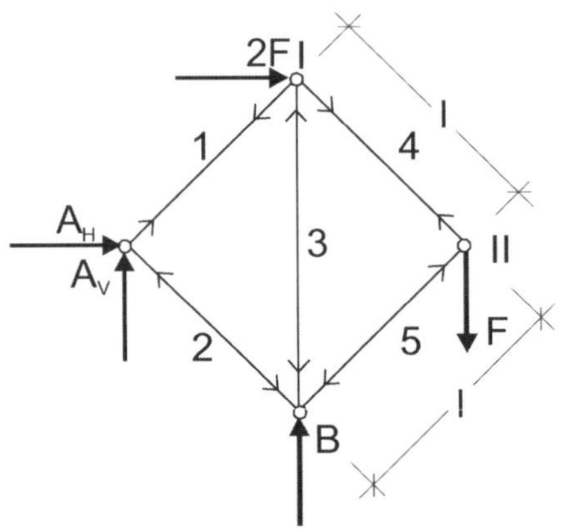

Bild 6.44a Lageplan mit Pfeilen zur Vorzeichendefinition der Stäbe

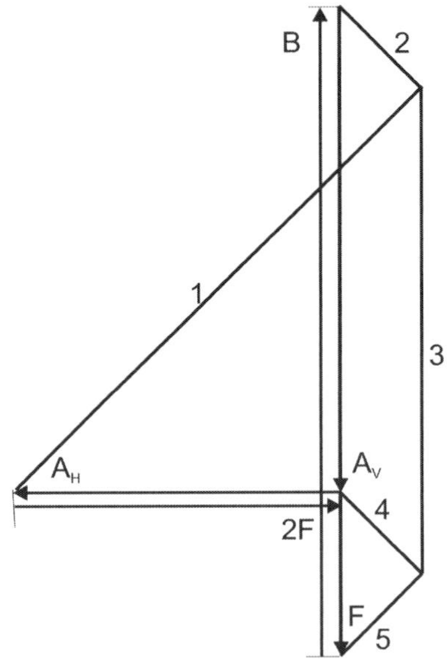

Bild 6.44b CREMONAplan; ↻ Umlaufsinn; Kräftemaßstab 1F [N] ≙ 1,9 cm

Die gemessenen Stabkräfte sind

S_1= 3.55 F; S_2=- 0.7 F; S_3=- 3 F; S_4= 0.7 F; S_5=- 0.7 F;
A_H=- 2 F; A_v=-3 F; B= 4 F

AUFGABE 6.6

- Statisch bestimmtes Fachwerk
- Dreigelenkbogen
- Bestimmung der Lagerkräfte durch die Gleichgewichtsbedingungen am Gesamtsystem und an den Teilsystemen
- Bestimmung der Stabkräfte durch knotenweises Schneiden

Ein Dreigelenkbogen aus Fachwerkstäben wird durch die drei Kräfte F_1, F_2, F_3 belastet.

gegeben: a, $F_1 = \frac{\sqrt{5}}{3} F$, $F_2 = 2$ F, $F_3 = 5\sqrt{5}F$

gesucht: Bestimmung der Auflager- und Stabkräfte

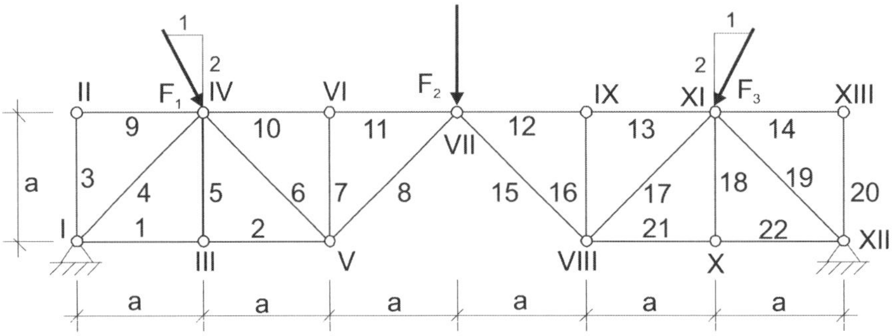

Bild 6.45 Ein Dreigelenkbogen aus Fachwerkstäben mit den Kräften F_1, F_2, F_3

LÖSUNG

Das Fachwerk ist ein Dreigelenkbogen, der aus zwei Scheiben besteht. Die beiden Scheiben sind nach dem 1.Bildungsgesetz aufgebaut.

Mit $F_1 = \frac{\sqrt{5}}{3} F$, $F_2 = 2$ F, $F_3 = 5\sqrt{5}F$ folgen die Komponenten der Belastung

$$(6.51): \quad F_{1x} = \frac{1}{\sqrt{5}} F_1 = \frac{1}{3} F, F_{1y} = \frac{2}{\sqrt{5}} F_1 = \frac{2}{3} F,$$

$$(6.52): \quad F_{3x} = \frac{1}{\sqrt{5}} F_3 = 5\,F, F_{3y} = \frac{2}{\sqrt{5}} F_3 = 10\,F.$$

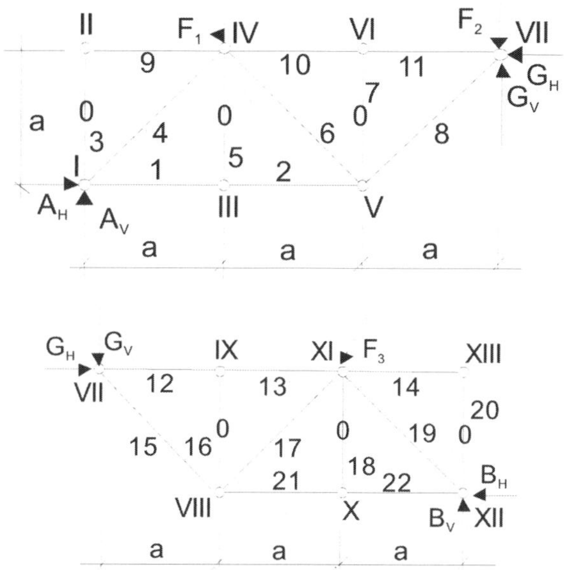

Bild 6.46 Schnittbild und Kennzeichnung der Nullstäbe

Die Auflagerkräfte werden über die Gleichgewichtsbedingungen am Gesamtsystem berechnet

$$(6.53):\quad B \curvearrowleft \quad \begin{array}{l} -A_V\, 6\,a + F_{1y}\, 5\,a + F_2\, 3\,a + F_{3y}\, a - F_{1x}\, a + F_{3x}\, a = 0 \\ \Rightarrow \quad A_V = 4\,F, \end{array}$$

$$(6.54):\quad A \curvearrowleft \quad \begin{array}{l} B_V\, 6\,a - F_{3y}\, 5\,a - F_2\, 3\,a - F_{1y}\, a + F_{3x}\, a - F_{1x}\, a = 0 \\ \Rightarrow \quad B_V = \dfrac{26}{3}\,F. \end{array}$$

Die Gleichgewichtsbedingungen am linken Teilsystem lauten

$$(6.55):\quad G \curvearrowleft \quad -A_V\,3\,a + A_H\,a + F_{1y}\,2\,a = 0 \quad \Rightarrow \quad A_H = \frac{32}{3}F.$$

Die Kontrolle am Gesamtsystem ergibt

$$(6.56):\quad \rightarrow:\quad A_H - B_H + F_{1x} - F_{3y} = \frac{32}{3}F - 6\,F + \frac{1}{3}F - 5\,F = 0,$$

$$(6.57):\quad \uparrow:\quad A_V + B_V - F_{1y} - F_2 - F_{3y}$$

$$= 4F + \frac{26}{3}F - \frac{26}{3}F - 2\,F - 10\,F = 0.$$

Die Kontrolle bestätigt die Berechnung.

Die Stabkräfte werden durch knotenweises Schneiden bestimmt.

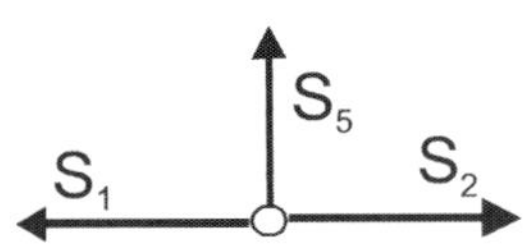

Bild 6.47 Stabkräfte am Knoten III

Am Knoten III (Bild 6.47) ergeben sich die Gleichgewichtsbedingungen

$(6.58): \quad \uparrow: \quad S_5 = 0,$

$(6.59): \quad \rightarrow: \quad S_1 = S_2.$

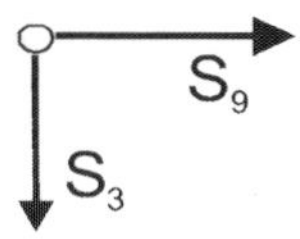

Bild 6.48 Stabkräfte am Knoten II

Am Knoten II (Bild 6.48) ergeben sich die Gleichgewichtsbedingungen

$(6.60): \quad \uparrow: \quad S_9 = 0,$

$(6.61): \quad \rightarrow: \quad -S_3 = 0.$

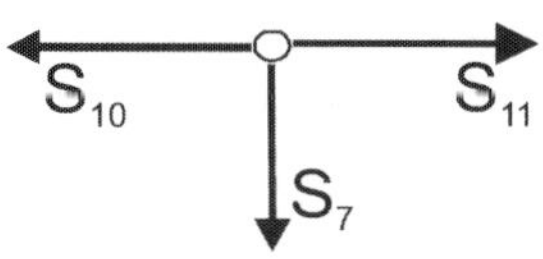

Bild 6.49 Stabkräfte am Knoten VI

Am Knoten VI (Bild 6.49) ergeben sich die Gleichgewichtsbedingungen

(6.62): $\uparrow$: $-S_7 = 0$,

(6.63): $\rightarrow$: $S_{10} = S_{11}$.

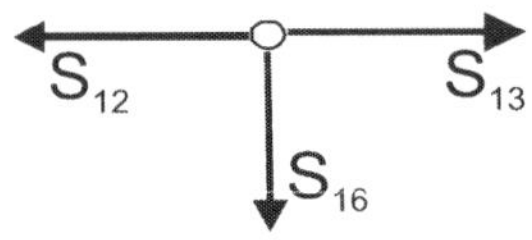

Bild 6.50 Stabkräfte am Knoten IX

Am Knoten IX (Bild 6.50) ergeben sich die Gleichgewichtsbedingungen

(6.64): $\uparrow$: $-S_{16} = 0$,

(6.65): $\rightarrow$: $S_{12} = S_{13}$.

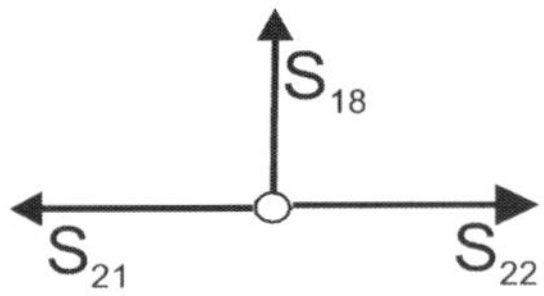

Bild 6.51 Stabkräfte am Knoten X

Am Knoten X (Bild 6.51) ergeben sich die Gleichgewichtsbedingungen

$$(6.66): \quad \rightarrow: \quad S_{18} = 0,$$

$$(6.67): \quad \uparrow: \quad S_{22} = S_{21}.$$

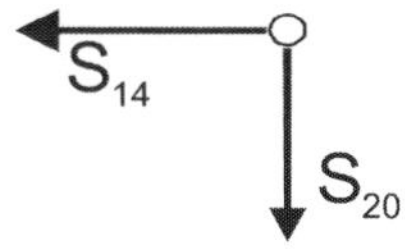

Bild 6.52 Stabkräfte am Knoten XIII

Am Knoten XIII (Bild 6.52) ergeben sich die Gleichgewichtsbedingungen

$$(6.68): \quad \uparrow: \quad S_{14} = 0,$$

$$(6.69): \quad \rightarrow: \quad - S_{20} = 0.$$

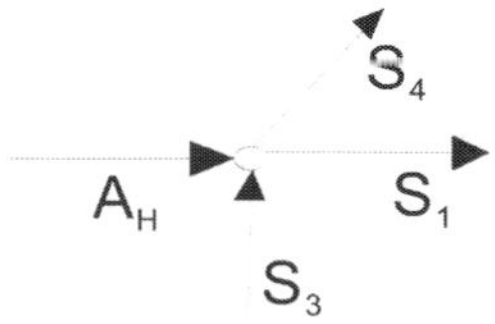

Bild 6.53 Stabkräfte am Knoten I

Am Knoten I (Bild 6.53) ergeben sich die Gleichgewichtsbedingungen

$$(6.70):\quad \uparrow:\quad A_H + S_4\frac{\sqrt{2}}{2} + S_1 = 0 \quad\Rightarrow\quad S_4 = -4\sqrt{2}\,F,$$

$$(6.71):\quad \rightarrow:\quad A_V + S_4\frac{\sqrt{2}}{2} = 0 \quad\Rightarrow\quad S_1 = -\frac{20}{3}F = S_2.$$

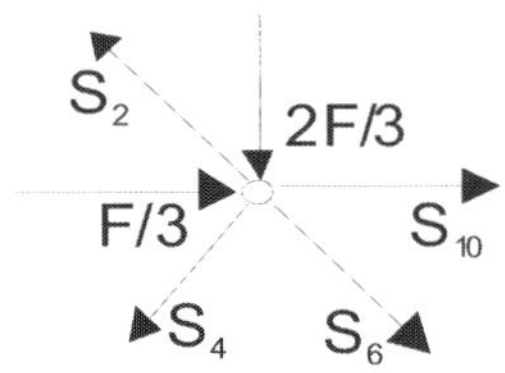

Bild 6.54 Stabkräfte am Knoten IV

Am Knoten IV (Bild 6.54) ergeben sich die Gleichgewichtsbedingungen

$$(6.72):\quad \uparrow:\quad -S_4\frac{\sqrt{2}}{2} - S_6\frac{\sqrt{2}}{2} - \frac{2}{3}F = 0 \quad\Rightarrow\quad S_6 = \frac{10}{3}\sqrt{2}\,F,$$

$$(6.73):\quad \rightarrow:\quad -S_4\frac{\sqrt{2}}{2} + S_6\frac{\sqrt{2}}{2} + \frac{2}{3}F + S_{10} = 0$$

$$\Rightarrow\quad S_{10} = -\frac{23}{3}F = S_{11}.$$

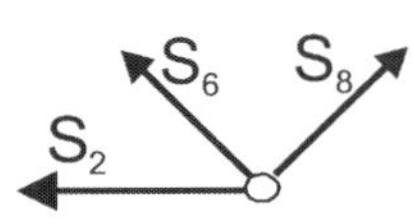

Bild 6.55 Stabkräfte am Knoten V

Am Knoten V (Bild 6.55) ergibt sich die Gleichgewichtsbedingung

$$(6.74):\quad \uparrow:\quad -S_6\frac{\sqrt{2}}{2}+S_8\frac{\sqrt{2}}{2}=0 \quad\Rightarrow\quad S_8=-\frac{10\sqrt{2}}{3}F.$$

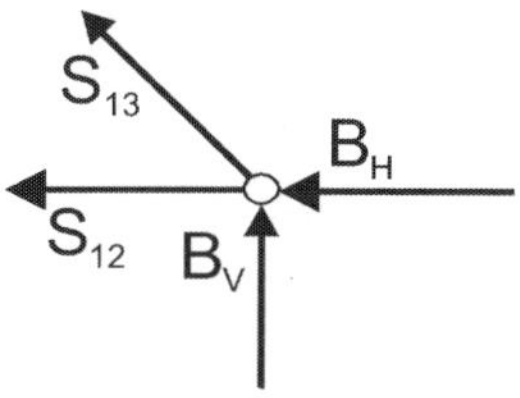

Bild 6.56 Stabkräfte am Knoten XII

Am Knoten XII (Bild 6.56) ergeben sich die Gleichgewichtsbedingungen

$$(6.75):\quad \rightarrow:\quad -S_{19}\frac{\sqrt{2}}{2}-S_{22}-B_H=0 \quad\Rightarrow\quad S_{19}=-\frac{26}{3}\sqrt{2}\,F,$$

$$(6.76):\quad \uparrow:\quad B_V+S_{19}\frac{\sqrt{2}}{2}=0 \quad\Rightarrow\quad S_{21}=\frac{8}{3}F=S_{22}.$$

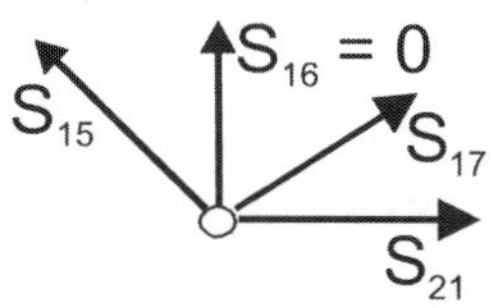

Bild 6.57 Stabkräfte am Knoten VIII

Am Knoten VIII (Bild 6.57) ergeben sich die Gleichgewichtsbedingungen

$$(6.77):\quad \uparrow:\quad S_{15}\frac{\sqrt{2}}{2}+S_{17}\frac{\sqrt{2}}{2}=0 \quad\Rightarrow\quad S_{17}=-\frac{4}{3}\sqrt{2}\,F=-S_{15},$$

$$(6.78):\quad \rightarrow:\quad -S_{15}\frac{\sqrt{2}}{2}+S_{17}\frac{\sqrt{2}}{2}+S_{12}=0$$

$$\Rightarrow\quad S_{12}=-\frac{37}{3}F=S_{13}.$$

Die Stabkräfte ergeben sich zu

$S_1=\frac{20}{3}F$; $S_2=-\frac{20}{3}F$; $S_3=0$; $S_4=-4\sqrt{2}F$; $S_5=0$; $S_6=\frac{10}{3}\sqrt{2}F$; $S_7=0$; $S_8=-\frac{10}{3}\sqrt{2}F$; $S_9=0$; $S_{10}=-\frac{23}{3}F$; $S_{11}=-\frac{23}{3}F$; $S_{12}=-\frac{37}{3}F$; $S_{13}=-\frac{37}{3}F$; $S_{14}=0$; $S_{15}=\frac{4}{3}\sqrt{2}F$; $S_{16}=0$; $S_{17}=-\frac{4}{3}\sqrt{2}F$; $S_{18}=0$; $S_{19}=-\frac{26}{3}F$; $S_{20}=0$; $S_{21}=\frac{8}{3}F$; $S_{22}=\frac{8}{3}F$; $A_H=\frac{32}{3}F$; $A_v=4\,F$; $B_H=6\,F$; $B_V=\frac{26}{3}F$

AUFGABE 6.7

- Statisch bestimmtes Fachwerk nach dem 1.Bildungsgesetz

- Bestimmung der Lagerkräfte durch die Gleichgewichtsbedingungen
- Bestimmung der Stabkräfte mit Hilfe des RITTERschen Schnitts

Das Fachwerk (Bild 6.58) wird mit drei Kräften belastet.

gegeben: a, F

gesucht: Bestimmung der Stabkräfte S_o, S_d, S_u

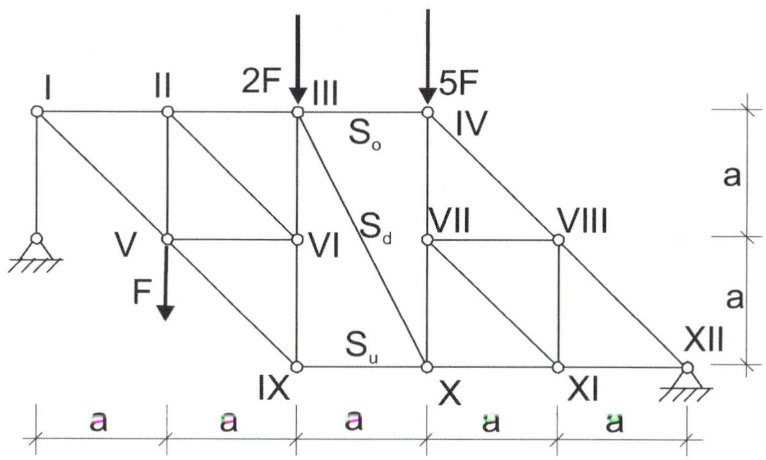

Bild 6.58 Fachwerk mit drei Kräften

LÖSUNG

Das Fachwerk ist nach dem 1.Bildungsgesetz aufgebaut.

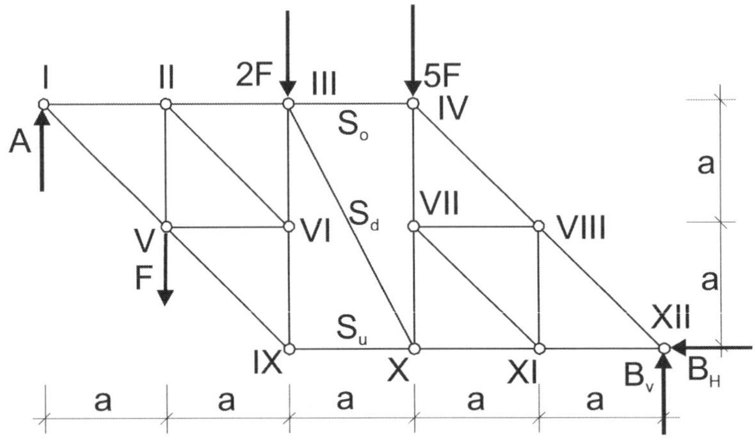

Bild 6.59 Schnittbild

Die Auflagerkräfte werden über die Gleichgewichtsbedingungen am Gesamtsystem berechnet

(6.79): $A \circlearrowleft$

$$B_V\,5a - B_H\,a - 5F\,3a - 2F\,2a - F\,a = 0 \quad \Rightarrow \quad B_V = 4F$$

(6.80): $B \circlearrowleft \quad A\,5a - F\,4a - 2F\,3a - 5F\,2a = 0 \quad \Rightarrow \quad A = 4F$

(6.81): $\rightarrow: \quad B_H = 0$

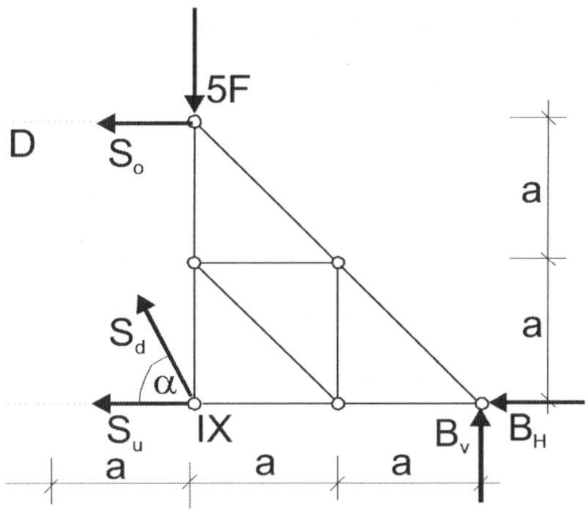

Bild 6.60 RITTERscher Schnitt

Gleichgewichtsbedingungen am geschnittenen System

$$(6.82):\quad IX \curvearrowleft \quad B_V\, 2a + S_o\, 2a = 0 \quad \Rightarrow \quad S_o = -B_V = -4F$$

$$(6.83):\quad D \curvearrowleft \quad S_u\, 2a - B_V\, 3a + 5F\, a = 0 \quad \Rightarrow \quad S_u = \frac{7}{2}F$$

$$(6.84):\quad \uparrow: \quad -5F + B_V + S_d \frac{2}{\sqrt{5}} = 0 \quad \Rightarrow \quad S_d = \frac{\sqrt{5}}{2}F$$

AUFGABE 6.8

- Statisch bestimmtes Fachwerk nach dem 1.Bildungsgesetz

- Bestimmung der Stabkräfte mit Hilfe des RITTERschen Schnitts

Der Fachwerkturm (Bild 6.61) wird mit drei Kräften belastet.

gegeben: a, F

gesucht: Bestimmung der Änderung der Stabkraft im Stützstab ΔS_1, wenn der Stab 2 durch den symmetrisch liegenden Stab 2′ ersetzt wird.

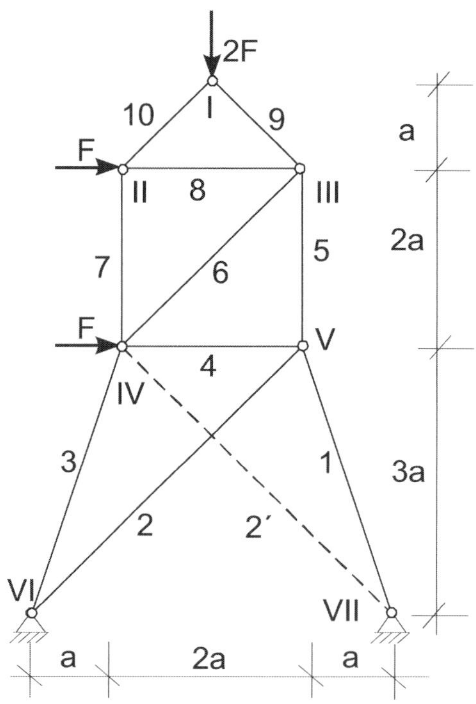

Bild 6.61 Fachwerkturm mit drei Kräften

LÖSUNG

Das Fachwerk ist nach dem 1.Bildungsgesetz aufgebaut. Der Stab 1, beziehungsweise 3 kann als Pendelstütze aufgefasst werden.

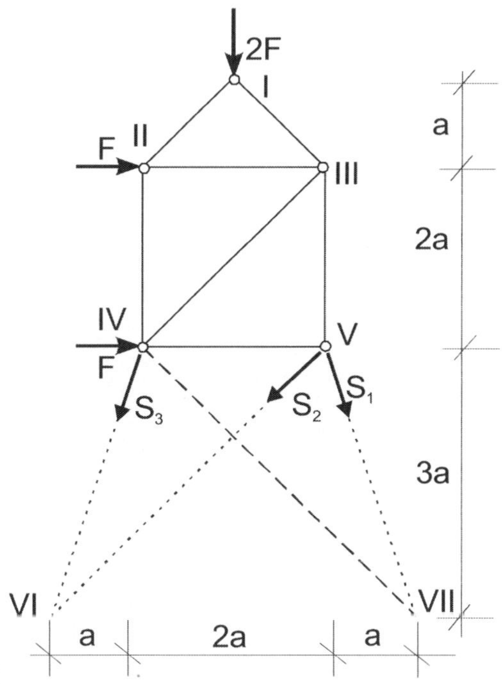

a)

Bild 6.62a RITTERscher Schnitt für beide Systeme mit Stab 2

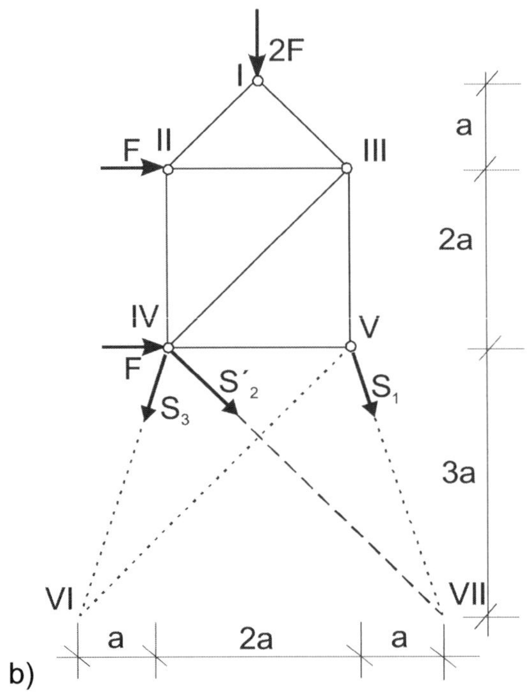

Bild 6.62b RITTERscher Schnitt für beide Systeme mit Stab 2′

Die Gleichgewichtsbedingungen im Bild 6.62 a lauten

$$(6.85):\quad VI \circlearrowleft \quad \begin{aligned} & 2F\,2a + F\,5a + F\,3a + S_{1y}\,3a + S_{1x}\,3a = 0 \\ \Rightarrow\ & S_{1y} + S_{1x} = -4F. \end{aligned}$$

Die Gleichgewichtsbedingungen im Bild 6.62 b lauten

(6.86): $IV \; \curvearrowleft \quad 2Fa + F2a + S_{1y}'2a = 0 \quad \Rightarrow \quad S_{1y}' = -2F.$

Aus der Geometrie folgt

$$(6.87): \quad \frac{S_{1x}}{S_{1y}} = \frac{S_{1x}'}{S_{1y}'} = \frac{1}{3}$$

$$\Rightarrow \quad S_{1y} = -3F, S_{1x} = -F, S_{1x}' = -\frac{2}{3}F.$$

Damit ergeben sich die Beträge der Stabkräfte zu

$$(6.88): \quad S_1 = \sqrt{1+9}\,F = -\sqrt{10}\,F, S_1' = \sqrt{4+\frac{4}{9}}\,F = -\frac{2}{3}\sqrt{10}\,F.$$

Die Änderung der Stabkraft S_1 ist

$$(6.89): \quad |\Delta S_1| = |S_1| - |S_1'| = \frac{1}{3}\sqrt{10}\,F.$$

Stabkraft S_1' wird kleiner.

Berechnung aller Stabkräfte:

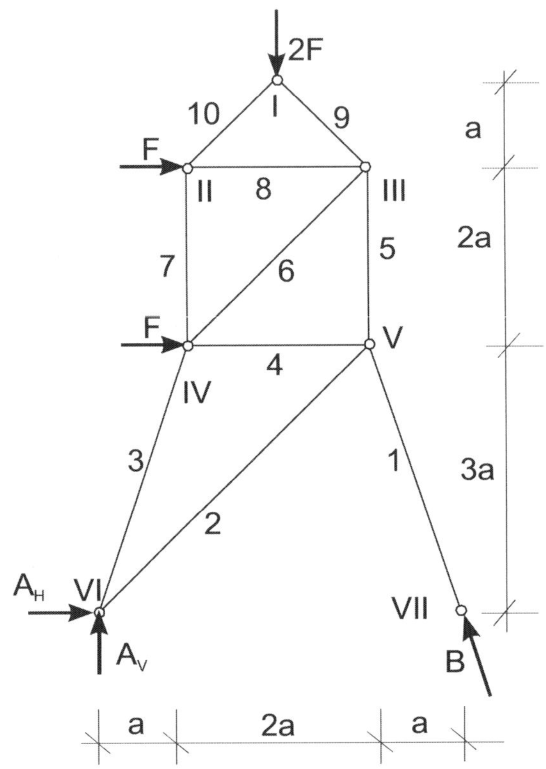

Bild 6.62c Schnittbild des Systems mit Stab 2

aus (6.88) folgt

$A_H = -F; A_V = -F; S_1 = -\sqrt{10}\,F = -B$ mit $S_{1x} = -3\,F; S_{1y} = -F;$

$S_2 = \sqrt{2}\,F;\quad S_3 = 0;\quad S_4 = -2\,F;\quad S_5 = -2\,F;\quad S_6 = \sqrt{2}\,F;$

$S_7 = -F;\ S_8 = 0;\ S_9 = -\sqrt{2}\,F;\ S_{10} = -\sqrt{2}\,F$

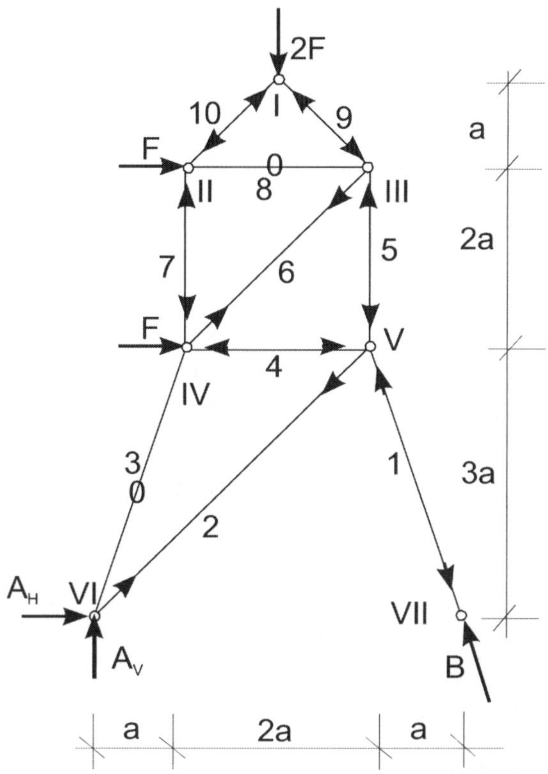

Bild 6.62d Lageplan mit Pfeilen zur Vorzeichendefinition der Stäbe

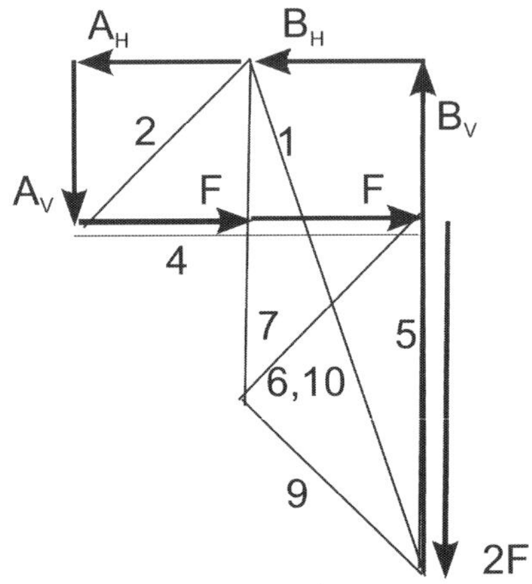

Bild 6.62e CREMONAplan; ↻ Umlaufsinn; Kräftemaßstab 1F [N] ≙2 cm

AUFGABE 6.9

- Statisch bestimmtes Fachwerk nach dem 1.Bildungsgesetz
- Bestimmung der Lagerkräfte durch die Gleichgewichtsbedingungen am Gesamtsystem
- Bestimmung der Stabkräfte mit Hilfe des RITTERschen Schnitts

Das Fachwerk (Bild 6.63) wird mit zwei Kräften belastet. Das Lager in B ist um Winkel α schräg gestellt.

gegeben: α von 0^0 bis 45^0, a, F

gesucht: Bestimmung der Stabkräfte S_1, S_2, S_3 in Abhängigkeit von α

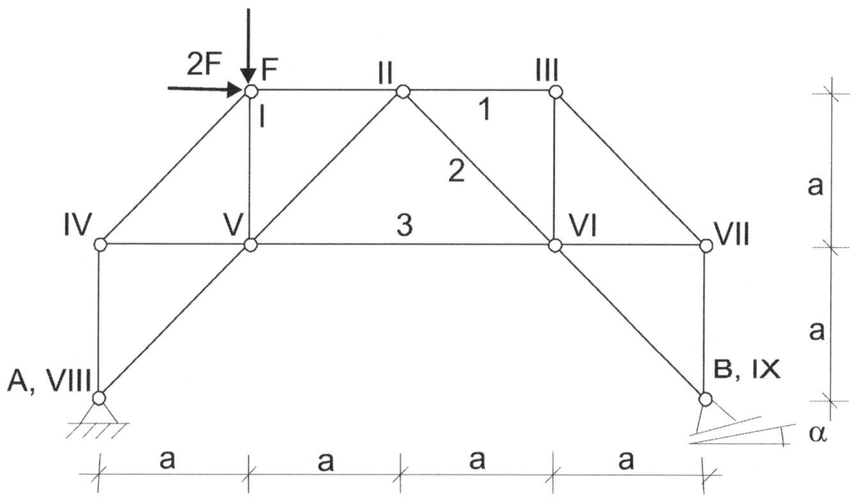

Bild 6.63 Fachwerk mit zwei Kräften und schräg gestelltem Lager in B

LÖSUNG

Das Fachwerk ist nach dem 1.Bildungsgesetz aufgebaut.

Die Auflagerkräfte werden über die Gleichgewichtsbedingungen am Gesamtsystem berechnet

$$(6.90): \quad A \curvearrowleft \quad B\cos\alpha\, 4a - 2F\, 2a - F\, a = 0 \quad \Rightarrow \quad B = \frac{5}{4}\frac{1}{\cos\alpha}F.$$

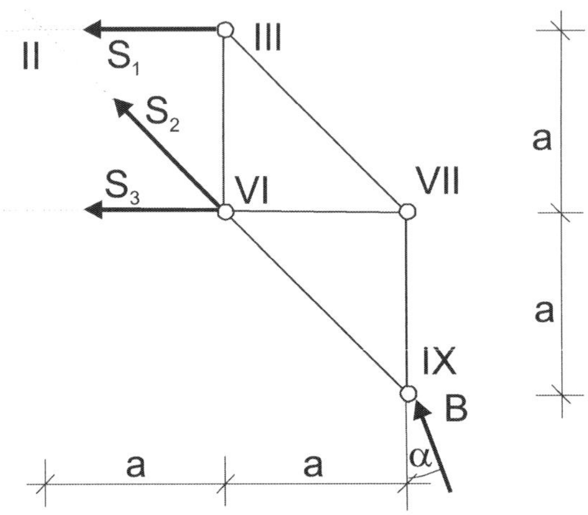

Bild 6.64 RITTERscher Schnitt für das rechte Teilsystem

Die Gleichgewichtsbedingungen am rechten Teilsystem lauten

(6.91): VI ↶ $S_1\, a + B \cos\alpha\, a - B \sin\alpha\, a = 0$

$$\Rightarrow \quad S_1 = B \sin\alpha - B \cos\alpha = \frac{5}{4}(\tan\alpha - 1)\, F,$$

(6.92): III ↶ $-S_3\, a + B \cos\alpha\, 2a - B \sin\alpha\, 2a = 0$

$$\Rightarrow \quad S_3 = 2B(\cos\alpha - \sin\alpha) = \frac{5}{2}(1 - \tan\alpha)\, F,$$

(6.93): ↑: $S_2 \frac{\sqrt{2}}{2} + B \cos\alpha = 0$

$$\Rightarrow \quad S_2 = -\sqrt{2}\, B \cos\alpha = -\frac{5\sqrt{2}}{4}\, F.$$

Für $\alpha = 0^0$ ergibt sich

$$(6.94): \quad S_1 = -\frac{5}{4}F, S_2 = -\frac{5\sqrt{2}}{4}F, S_3 = \frac{5}{2}F.$$

Für $\alpha = 45^0$ ergibt sich

$$(6.95): \quad S_1 = 0, S_2 = -\frac{5\sqrt{2}}{4}F, S_3 = 0.$$

AUFGABE 6.10

- Statisch bestimmtes Fachwerk nach dem 1.Bildungsgesetz
- Bestimmung der Lagerkräfte durch die Gleichgewichtsbedingungen am Gesamtsystem
- Bestimmung der Stabkräfte mit Hilfe des RITTERschen Schnitts

Das Fachwerk (Bild 6.65) wird mit vier Kräften belastet.

gegeben: a, F

gesucht: Bestimmung der Auflager- und Stabkräfte S_1, S_2, S_3, S_4, S_5, S_6 und S_7

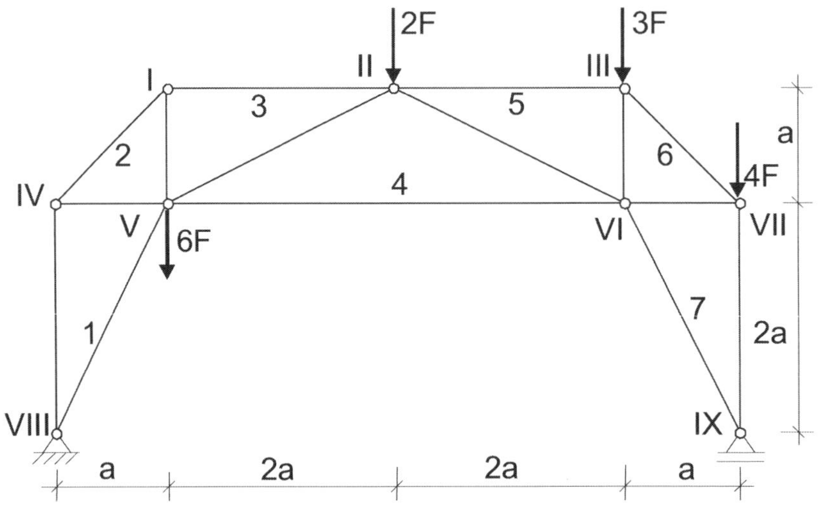

Bild 6.65 Fachwerk mit vier Kräften

LÖSUNG

Das Fachwerk ist nach dem 1.Bildungsgesetz aufgebaut.

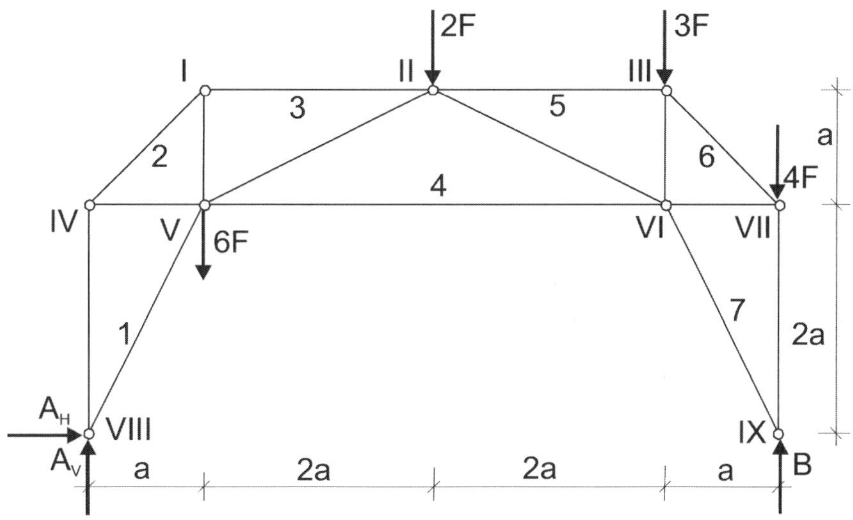

Bild 6.66 Schnittbild

Die Auflagerkräfte werden über die Gleichgewichtsbedingungen am Gesamtsystem berechnet

(6.96): $\rightarrow$: $A_H = 0$,

(6.97): VIII ↶

$$B\,6a - 4F\,6a - 3F\,5a - 2F\,3a - 6F\,a = 0 \quad \Rightarrow \quad B = 8.5F$$

(6.98): $\uparrow$: $4F + 3F + 2F + 6F - A_V - B = 0$

$$\Rightarrow \quad A_V = 6.5F$$

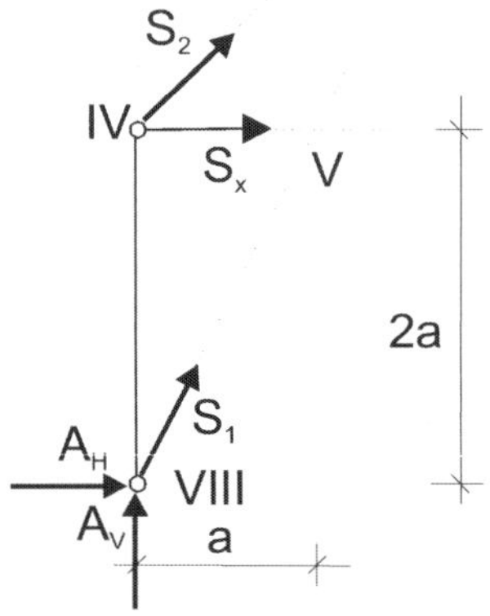

Bild 6.67 RITTERscher Schnitt für S_1, S_2

Die Gleichgewichtsbedingungen am geschnittenen System lauten

$$(6.99):\quad IV \curvearrowleft \quad A_H\, 2a + S_1 \frac{2}{\sqrt{5}}\, 2a = 0 \quad \Rightarrow \quad S_1 = 0,$$

$$(6.10):\quad V \curvearrowleft$$

$$S_2\, a \frac{\sqrt{2}}{2} + A_V\, a = 0 \quad \Rightarrow \quad S_2 = -\sqrt{2}\, A = -13 \frac{\sqrt{2}}{2} F.$$

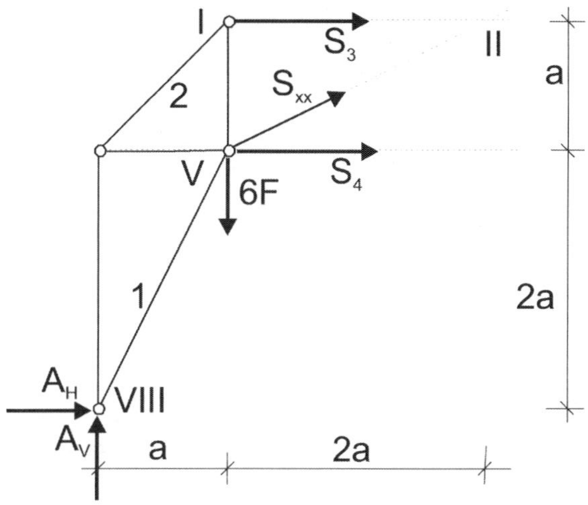

Bild 6.68 RITTERscher Schnitt für S_3, S_4

Die Gleichgewichtsbedingungen am geschnittenen System lauten

$$(6.101):\quad V \curvearrowleft \quad S_3\,a + A_V\,a = 0 \quad \Rightarrow \quad S_3 = -6.5\,F,$$

$$(6.102):\quad II \curvearrowleft$$

$$S_4\,a + 6\,F\,2\,a - A_V\,3\,a + A_H\,2\,a = 0 \quad \Rightarrow \quad S_4 = \frac{15}{2}\,F.$$

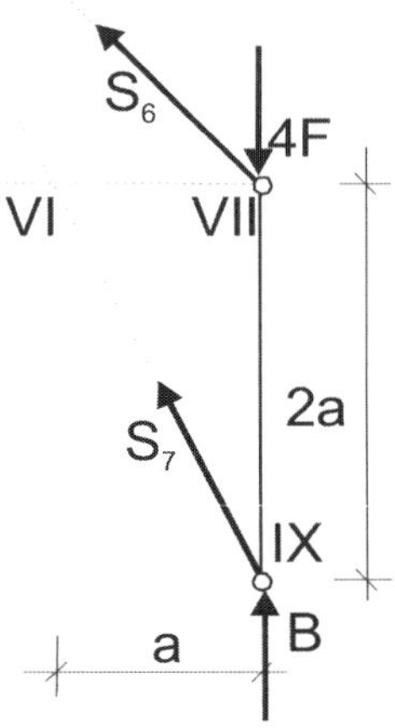

Bild 6.69 RITTERscher Schnitt für S_6, S_7

Die Gleichgewichtsbedingungen am geschnittenen System lauten

$$(6.103):\quad VII \circlearrowleft \quad S_7 \frac{2}{\sqrt{5}} = 0 \quad \Rightarrow \quad S_7 = 0,$$

$$(6.104):\quad VI \circlearrowleft \quad S_6\, a \frac{\sqrt{2}}{2} + B\, a - 4F\, a = 0 \quad \Rightarrow \quad S_6 = -\frac{9}{2}\sqrt{2}F.$$

Die Stabkraft 5 wird durch knotenweises Schneiden berechnet.

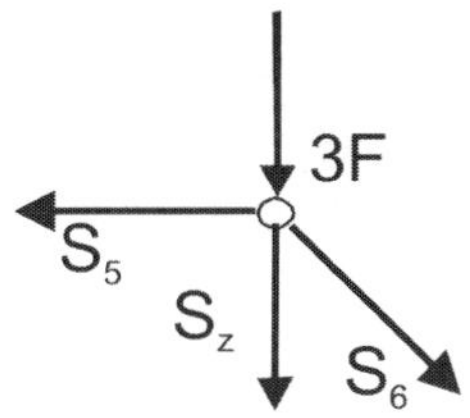

Bild 6.70 Stabkräfte am Knoten III

Am Knoten III (Bild 6.70) ergibt sich die Gleichgewichtsbedingung

$$(6.105):\quad \rightarrow:\quad S_5 = S_6\,\frac{\sqrt{2}}{2} \quad\Rightarrow\quad S_5 = -\frac{9}{2}F.$$

AUFGABE 6.11

- Statisch bestimmtes Fachwerk
- Bestimmung der Lagerkräfte
- Bestimmung der Stabkräfte durch knotenweises Schneiden

Das Fachwerk (Bild 6.72) wird mit der Kraft F belastet.

gegeben: a, F

gesucht: Bestimmung der Auflager- und Stabkräfte

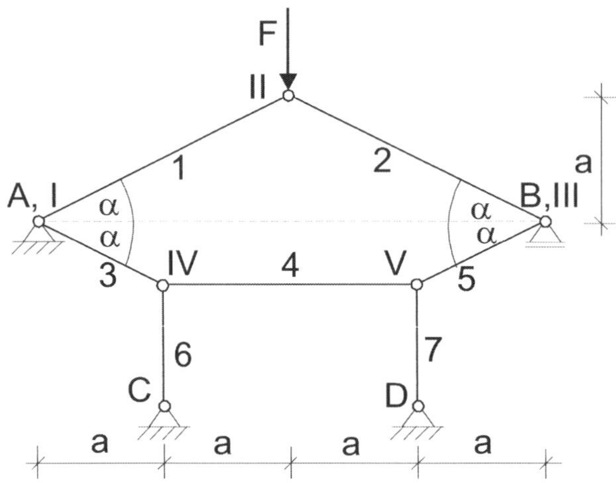

Bild 6.72 Fachwerk mit der Kraft F

LÖSUNG

Es handelt sich um ein symmetrisches System. Das Fachwerk ist nach keinem Bildungsgesetz aufgebaut. Es muss überprüft werden ob das System statisch bestimmt ist.

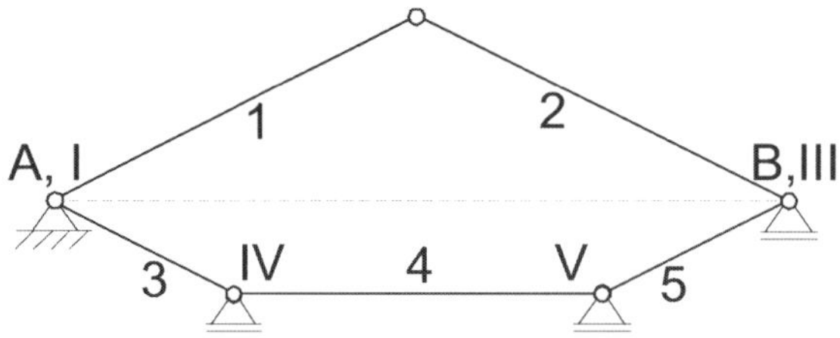

Bild 6.73 Überprüfung der statischen Bestimmtheit

Das System ist durch die Lager so festgehalten, dass keine behinderungsfreie Verformung der Stäbe erfolgen kann.

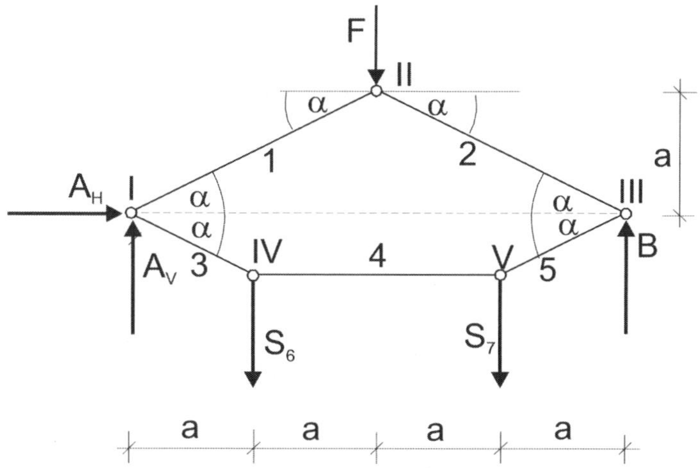

Bild 6.74 Schnittbild

Die Auflagerkräfte werden über die Gleichgewichtsbedingungen am Gesamtsystem berechnet

$$(6.106): \quad \rightarrow: \quad A_H = 0.$$

Die Stabkräfte werden durch knotenweises Schneiden berechnet.

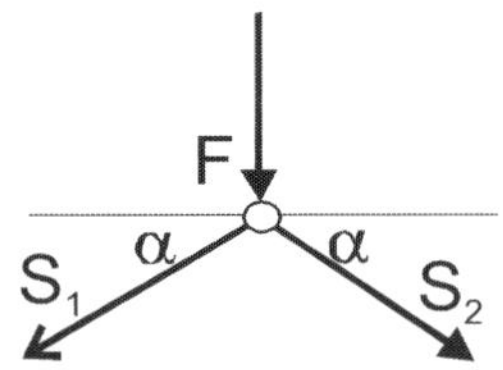

Bild 6.75 Stabkräfte am Knoten II

Am Knoten II (Bild 6.75) ergeben sich die Gleichgewichtsbedingungen

$$(6.107): \quad \uparrow: \quad -S_1 \sin\alpha - F - S_2 \sin\alpha = 0,$$

$$(6.108): \quad \rightarrow: \quad S_1 = S_2 \quad \Rightarrow \quad S_1 = -\frac{F}{2\sin\alpha} = S_2.$$

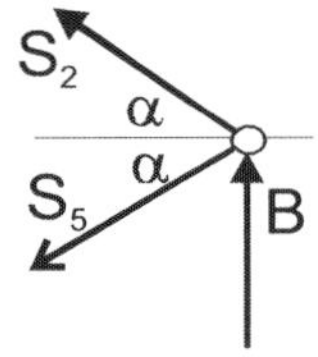

Bild 6.76 Stabkräfte am Knoten III

Am Knoten II (Bild 6.76) ergeben sich die Gleichgewichtsbedingungen

(6.109): $\rightarrow$: $S_5 \cos\alpha = - S_2 \cos\alpha$

$$\Rightarrow \quad S_3 = \frac{F}{2\cos\alpha} = S_5,$$

(6.110): $\uparrow$: $B - S_5 \sin\alpha + S_2 \sin\alpha = 0 \quad \Rightarrow \quad B = F = A_V.$

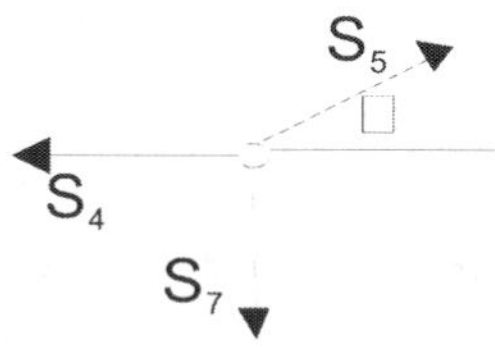

Bild 6.77 Stabkräfte am Knoten V

Am Knoten V (Bild 6.77) ergeben sich die Gleichgewichtsbedingungen

(6.111): $\uparrow$: $S_7 + S_5 \sin\alpha = 0 \quad \Rightarrow \quad S_7 = \frac{F}{2} = S_6,$

(6.112): $\rightarrow$: $- S_4 + S_5 \cos\alpha = 0 \quad \Rightarrow \quad S_4 = 0{,}5\,F \cot\alpha.$

Die Stabkräfte ergeben sich mit $\sin\alpha = \frac{1}{\sqrt{5}}$, $\cos\alpha = \frac{2}{\sqrt{5}}$ zu

$S_1 = -\frac{\sqrt{5}}{2}F$; $S_2 = -\frac{\sqrt{5}}{2}F$; $S_3 = \frac{\sqrt{5}}{2}F$; $S_4=F$; $S_5 = \frac{\sqrt{5}}{2}F$; $S_6 = \frac{1}{2}F$;

$S_7 = \frac{1}{2}F$; $A_H=0$; $A_V=F$; $B=F$

AUFGABE 6.12

- Statisch bestimmtes Fachwerk nach dem 1.Bildungsgesetz
- Bestimmung der Lagerkräfte durch die Gleichgewichtsbedingungen am Gesamtsystem
- Bestimmung der Stabkräfte durch knotenweises Schneiden

Das Fachwerk (Bild 6.78) wird mit der Kraft F belastet.

gegeben: a, F

gesucht: Bestimmung der Auflager- und Stabkräfte

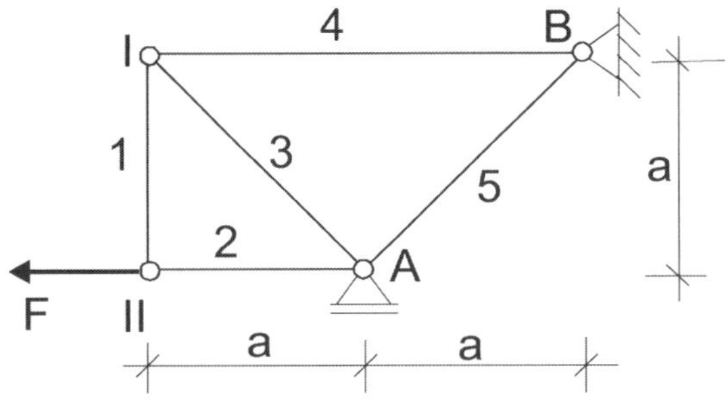

Bild 6.78 Fachwerk mit der Kraft F

LÖSUNG

Das Fachwerk ist nach dem 1.Bildungsgesetz aufgebaut.

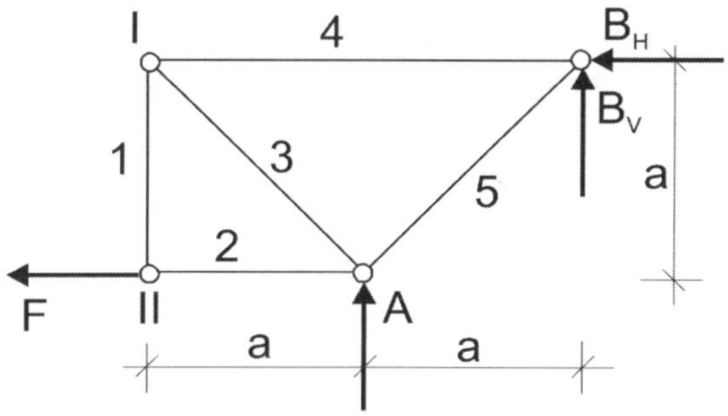

Bild 6.79 Schnittbild

Die Auflagerkräfte werden über die Gleichgewichtsbedingungen am Gesamtsystem berechnet

(6.113): $\rightarrow$: $B_H = -F$,

(6.114): A $\curvearrowleft$ $B_V\, a - B_H\, a = 0 \quad \Rightarrow \quad B_V = F$,

(6.115): $\uparrow$: $A = -B_V \quad \Rightarrow \quad A = -F$.

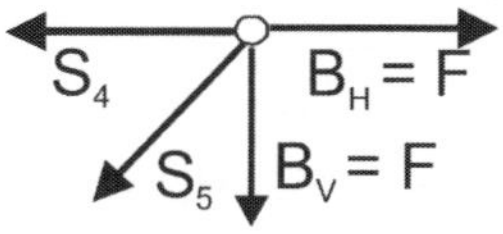

Bild 6.80 Stabkräfte am Knoten B

Am Knoten B (Bild 6.80) ergeben sich die Gleichgewichtsbedingungen

$$(6.116): \quad \uparrow: \quad S_5 \frac{\sqrt{2}}{2} = F \quad \Rightarrow \quad S_5 = \sqrt{2}\,F,$$

$$(6.117): \quad \rightarrow: \quad S_4 + S_5 \frac{\sqrt{2}}{2} = F \quad \Rightarrow \quad S_4 = 0.$$

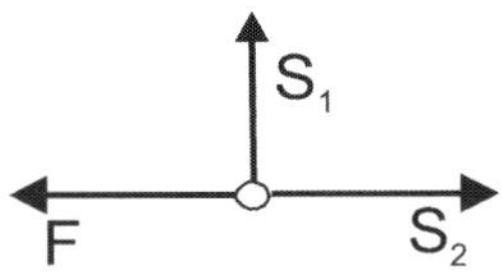

Bild 6.81 Stabkräfte am Knoten II

Am Knoten II (Bild 6.81) ergeben sich die Gleichgewichtsbedingungen

$$(6.118): \quad \uparrow: \quad S_1 = 0,$$

$$(6.119): \quad \rightarrow: \quad S_2 = F.$$

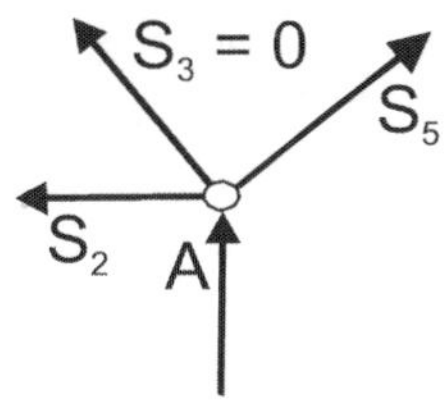

Bild 6.82 Stabkräfte am Knoten A

Am Knoten A (Bild 6.82) ergibt sich die Gleichgewichtsbedingung

$$(6.120): \quad \rightarrow: \quad S_5 \frac{\sqrt{2}}{2} = S_2 \quad \Rightarrow \quad S_5 \frac{\sqrt{2}}{2} = -F, S_3 = 0.$$

Die Stabkräfte ergeben sich zu

$S_1=0$; $S_2=F$; $S_3=0$; $S_4=0$; $S_5=\sqrt{2}F$; $A=-F$; $B_H=F$; $B_v=F$

AUFGABE 6.13

- Statisch bestimmtes Fachwerk
- Bestimmung der Lagerkräfte durch die Gleichgewichtsbedingungen am Gesamtsystem
- Bestimmung der Stabkräfte durch den CREMONAplan

Das Fachwerk (Bild 6.83) wird mit der Kraft F belastet.

gegeben: a, F

gesucht: Bestimmung der Auflager- und Stabkräfte

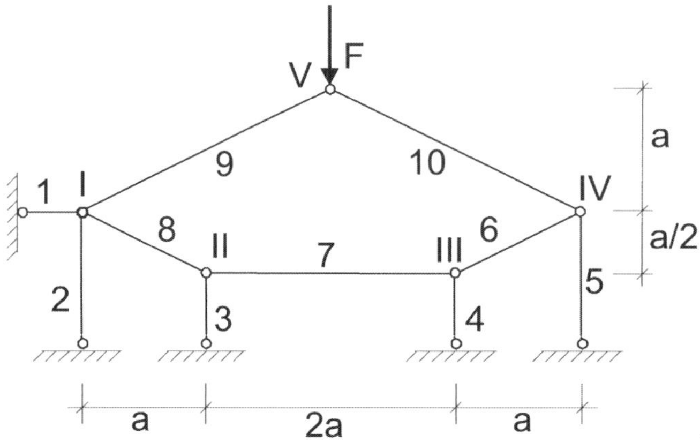

Bild 6.83 Fachwerk mit der Kraft F

LÖSUNG

Das Fachwerk ist nach keinem Bildungsgesetz aufgebaut. Es muss überprüft werden ob das System statisch bestimmt ist.

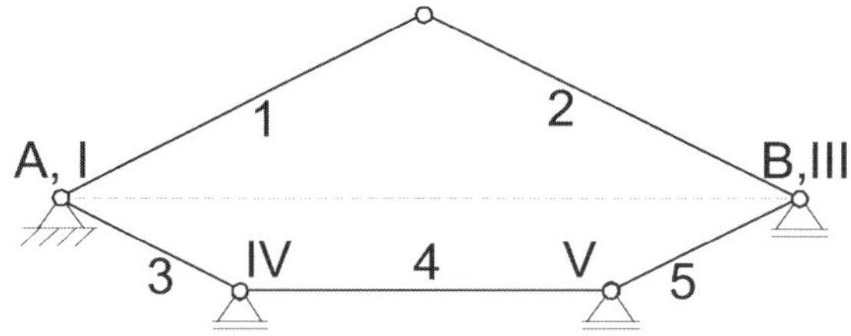

Bild 6.84 Überprüfung der statischen Bestimmtheit

Das System ist durch die Lager so festgehalten, dass keine behinderungsfreie Verformung der Stäbe erfolgen kann.

Die Stabkräfte werden durch den CREMONAplan bestimmt.

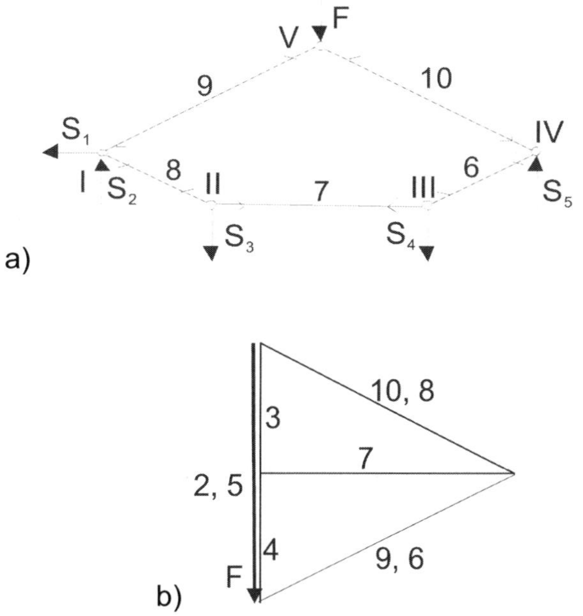

Bild 6.85 a) Lageplan mit Pfeilen zur Vorzeichendefinition der Stäbe; b) CREMONAplan; ↺ Umlaufsinn; Kräftemaßstab 1F [N] ≙ 2,4 cm

Aus Tabelle 6.1 ergibt sich der Nullstab

(6.121): $S_1 = 0.$

Aus Symmetrie ergibt sich

(6.122): $S_2 = S_5, S_3 = S_4, S_6 = S_8, S_9 = S_{10}.$

Die Stabkräfte ergeben sich zu

$S_1=0$; $S_2=-F$; $S_3=0.5\,F$; $S_4=0.5\,F$; $S_5=-F$; $S_6=\frac{\sqrt{5}}{2}F$; $S_7=F$; $S_8=\frac{\sqrt{5}}{2}F$; $S_9=-\frac{\sqrt{5}}{2}F$; $S_{10}=-\frac{\sqrt{5}}{2}F$

AUFGABEN ZU KAPITEL 7: GERADER BALKEN UND RAHMENSYSTEM

AUFGABE 7.1

- Integration zweier Streckenlasten zur Bestimmung der Querkraft- und Momentenverläufe eines Balkens auf zwei Stützen
- Vergleich zweier ähnlicher Belastungen
- Berechnung der Auflagerkräfte aus der Querkraftfunktion

Der Balken ist mit einer Streckenlast q_1, bzw. q_2 wie skizziert belastet (Bild 7.34).

gegeben: l, q_0, $q_1 = q_0 \sin\frac{\pi}{l}x$, $q_2 = \frac{4q_0}{l}\frac{x(l-x)}{l}$

gesucht: Bestimmung der Querkraft- und Momentenverläufe und der Auflagerkräfte

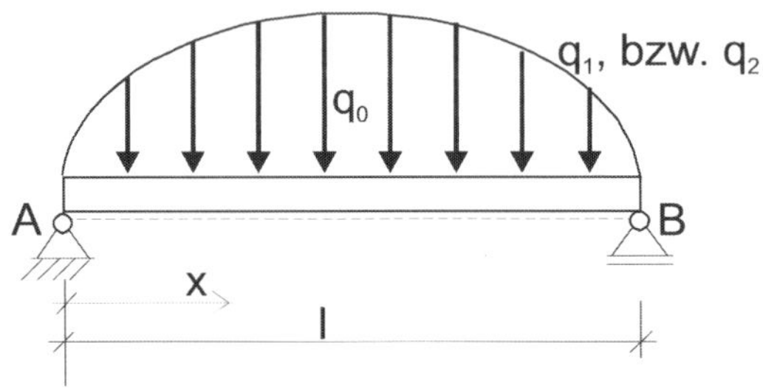

Bild 7.33 Balken mit der Streckenlast q_1, bzw. q_2

LÖSUNG

Die horizontale Auflagerkraft ergibt sich zu

$$(7.100): \quad \rightarrow: \quad A_H = 0.$$

Mit zweifacher Integration lautet für die Belastung $q_1 = q_0 \sin\frac{\pi}{l}x$

$$(7.101): \quad Q(x) = q_0 \frac{l}{\pi} \cos\frac{\pi}{l}x + C_{11},$$

$$(7.102): \quad M(x) = q_0 \frac{l^2}{\pi^2} \sin\frac{\pi}{l}x + C_{11}x + C_{21}$$

und die Belastung $q_2 = \frac{4q_0}{l}\frac{x(l-x)}{l}$

(7.103): $Q(x) = -\frac{4q_0}{l}(\frac{x^2}{2} - \frac{x^3}{3l}) + C_{12},$

(7.104): $M(x) = -\frac{4q_0}{l}(\frac{x^3}{6} - \frac{x^4}{12l}) + C_{12}\,x + C_{22}.$

Die Randbedingungen lauten für die Belastung $q_1 = q_0 \sin\frac{\pi}{l}x$

(7.105): $M(0) = 0 \quad \Rightarrow \quad C_{21} = 0,$

(7.106): $M(l) = 0 \quad \Rightarrow \quad C_{11} = -\frac{1}{l}(q_0\,\frac{l^2}{\pi^2}\sin\pi) = 0$

und die Belastung $q_2 = \frac{4q_0}{l}\frac{x(l-x)}{l}$

(7.107): $M(0) = 0 \quad \Rightarrow \quad C_{22} = 0,$

(7.108): $M(l) = 0 \quad \Rightarrow \quad C_{12} = \frac{1}{l}(\frac{4q_0}{l}(\frac{l^3}{6} - \frac{l^4}{12l}) = \frac{q_0 l}{3}.$

Die endgültigen Verläufe lauten für die Belastung $q_1 = q_0 \sin\frac{\pi}{l}x$ (Bild 7.34) lauten

(7.109): $$Q(x) = q_0 \frac{l}{\pi} \cos \frac{\pi}{l} x.$$

(7.110): $$M(x) = q_0 \frac{l^2}{\pi^2} \sin \frac{\pi}{l} x$$

und für die Belastung $q_2 = \frac{4q_0 \, x(l-x)}{l \quad l}$ (Bild 7.35)

(7.111): $$Q(x) = q_0 \, l \left(\frac{1}{3} - 2\frac{x^2}{l^2} + \frac{4}{3}\frac{x^3}{l^3}\right),$$

(7.112): $$M(x) = \frac{1}{3} q_0 \, l^2 \left(\frac{x}{l} - 2\frac{x^3}{l^3} + \frac{x^4}{l^4}\right).$$

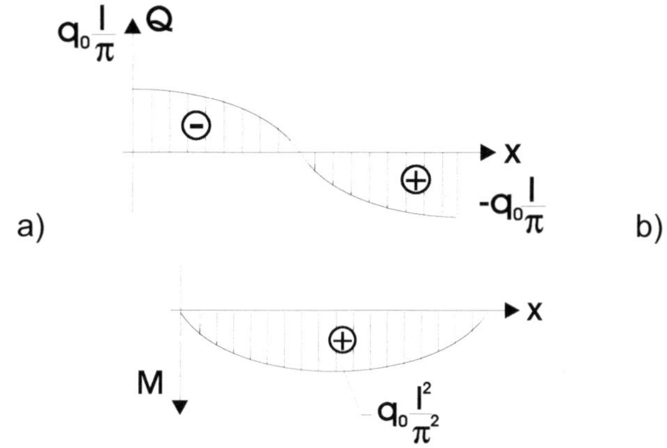

Bild 7.34 Belastung $q_1 = q_0 \sin \frac{\pi}{l} x$ **; a) Querkraftverlauf Q; c) Momentenverlauf M**

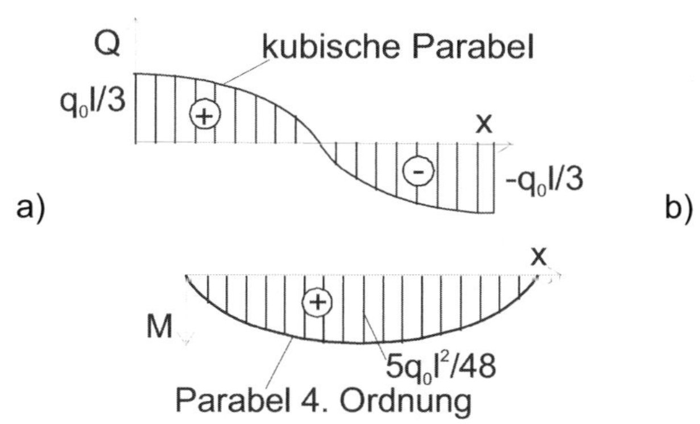

Bild 7.35 Belastung $q_2 = \frac{4q_0}{l} \frac{x(l-x)}{l}$ **; a) Querkraftverlauf Q; b) Momentenverlauf M**

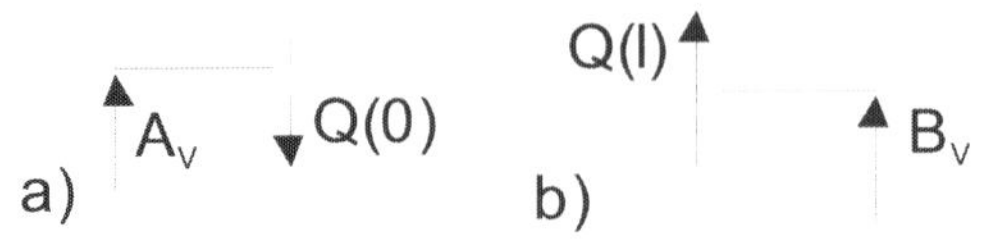

Bild 7.36 Auflagerkräfte; a) im Lager A; b) im Lager B

Die Auflagerkräfte ergeben sich für die Belastung $q_1 = q_0 \sin \frac{\pi}{l} x$

(7.113): $Q(0) = A_V = q_0 \frac{l}{\pi},$

(7.114): $-Q(l) = B_V = q_0 \frac{l}{\pi},$

und für die Belastung $q_2 = \frac{4q_0}{l} \frac{x(l-x)}{l}$

(7.115): $Q(0) = A_V = \frac{1}{3} q_0 \, l,$

(7.116): $-Q(l) = B_V = \frac{1}{3} q_0 \, l.$

AUFGABE 7.2

- Integration der Streckenlast zur Bestimmung des Querkraft- und Momentenverlaufs eines Kragarms

Der Balken ist mit einer Streckenlast q wie skizziert belastet (Bild 7.37).

gegeben: l, q_0, $q = \frac{4q_0\, x(l-x)}{l \quad l}$

gesucht: Bestimmung der Querkraft- und Momentenverläufe

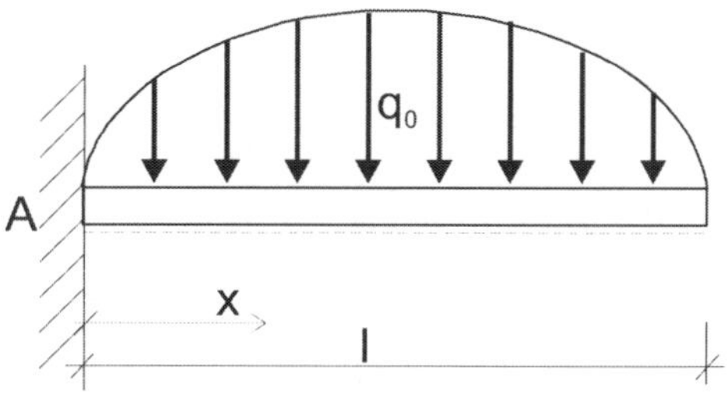

Bild 7.37 Balken mit einer Streckenlast q

LÖSUNG

Die horizontale Auflagerkraft ergibt sich zu

$$(7.117): \quad \rightarrow: \quad A_H = 0.$$

Aus der Integration der Differentialgleichungen ergeben sich die Querkraft- und Momentenverläufe

(7.118): $$\frac{dQ}{dx} = -q = -4\frac{q_0}{l}\frac{x(l-x)}{l^2}$$

$$\Rightarrow \quad Q(x) = -4\frac{q_0}{l}(\frac{x^2}{2} - \frac{x^3}{3l}) + C_1,$$

(7.119): $$\frac{dM}{dx} = Q \quad \Rightarrow \quad M(x) = -4\frac{q_0}{l}(\frac{x^3}{6} - \frac{x^4}{12l}) + C_1 x + C_2,$$

die nur noch von den Konstanten abhängen. Diese konstanten werden über die Randbedingungen bestimmt

(7.120): $$Q(x=l) = 0 \quad \Rightarrow \quad C_1 = q_0\frac{2}{3}l,$$

(7.121): $$M(x=l) = 0 \quad \Rightarrow \quad C_2 = -q_0\frac{1}{3}l^2.$$

Die Auflagerreaktionen ergeben sich nun zu

(7.122): $$Q(0) = A_V = \frac{2}{3}q_0\, l$$

(7.123): $$M(0) = M_A = -\frac{1}{3}q_0\, l^2$$

Die endgültigen Verläufe lauten (Bild 7.38)

(7.124): $$Q(x) = -4\frac{q_0}{l}\left(\frac{x^2}{2} - \frac{x^3}{3l}\right) + q_0\frac{2}{3}l$$
$$= q_0\, l\left(\frac{2}{3} - 2\left(\frac{x}{l}\right)^2 + \frac{4}{3}\left(\frac{x}{l}\right)^3\right),$$

(7.125): $$M(x) = -4\frac{q_0}{l}\left(\frac{x^3}{6} - \frac{x^4}{12l}\right) + q_0\frac{2}{3}l\,x - q_0\frac{1}{3}l^2$$
$$= -\frac{1}{3}q_0\, l^2\left(1 - 2\frac{x}{l} + \frac{2}{3}\left(\frac{x}{l}\right)^3 - \left(\frac{x}{l}\right)^4\right).$$

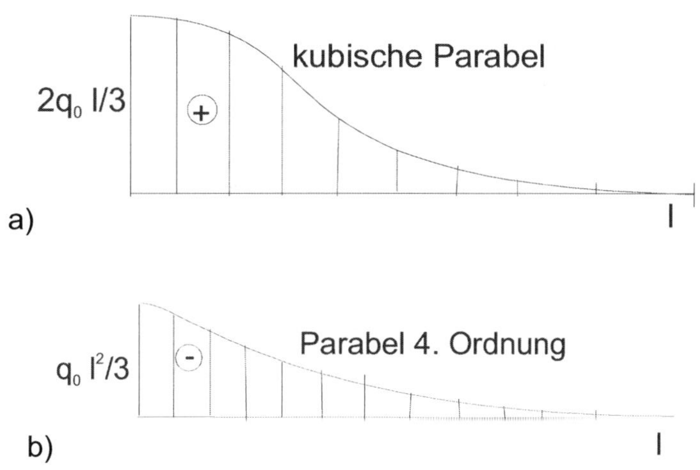

Bild 7.38 a) Querkraftverlauf Q(x); b) Momentenverlauf M(x)

AUFGABE 7.3

- Integration der Streckenlast zur Bestimmung des Querkraft- und Momentenverlaufs eines Balkens auf zwei Stützen

- Belastung ist keine kontinuierliche Funktion, deshalb werden zwei Bereiche unterteilt
- Rand- und Übergangsbedingungen
- Berechnung der Auflagerkräfte aus der Querkraftfunktion

Der Balken ist mit einer Streckenlast q wie skizziert belastet (Bild 7.39).

gegeben: l, q_0

gesucht: Bestimmung der Querkraft- und Momentenverläufe und der Auflagerkräfte

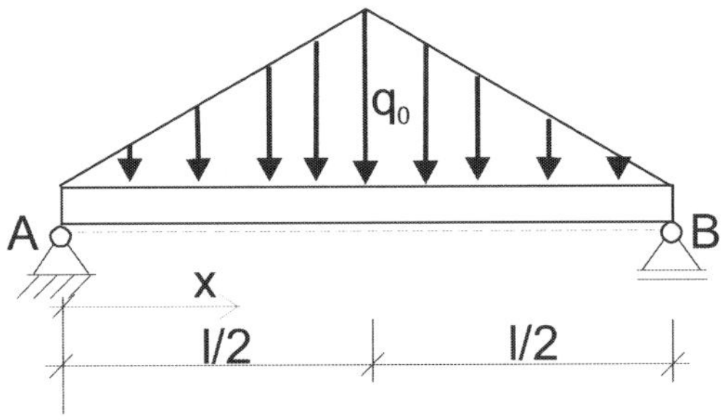

Bild 7.39 Balken mit einer Streckenlast q

LÖSUNG

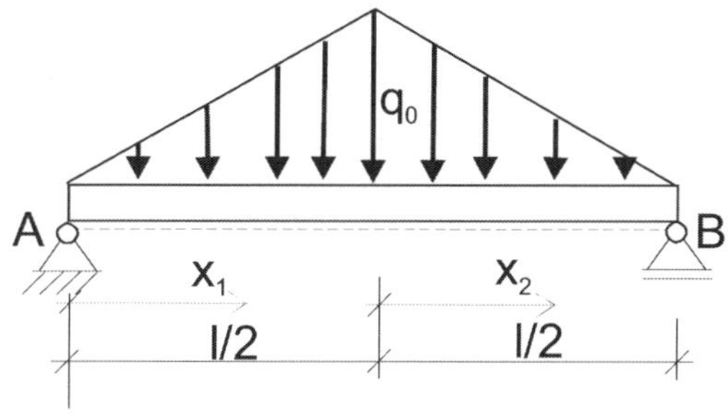

Bild 7.40 Bereichsaufteilung

Die horizontale Auflagerkraft ergibt sich zu

$$(7.126): \quad \rightarrow: \quad A_H = 0.$$

Die Integration erfolgt in zwei Bereichen. Für den Bereich $0 \leq x_1 \leq \frac{l}{2}$ lauten sie

$$(7.127): \quad q_1(x_1) = \frac{2\,q_0}{l}\,x_1,$$

$$(7.128): \quad Q_1(x_1) = -\frac{q_0}{l}\,x_1^{\,2} + C_{11},$$

(7.129): $M_1(x_1) = -\frac{q_0}{l}\frac{x_1^3}{3} + C_{11}\,x_1 + C_{21}$

und für den Bereich $0 \leq x_2 \leq \frac{l}{2}$

(7.130): $q_2(x_2) = q_0 - \frac{2\,q_0}{l}\,x_2,$

(7.131): $Q_2(x_2) = -\,q_0\,x_2 + \frac{q_0}{l}\,x_2{}^2 + C_{12},$

(7.132): $M_2(x_2) = -\,q_0\,\frac{x_2^2}{2} + \frac{q_0}{l}\frac{x_2^3}{3} + C_{12}\,x_2 + C_{22}.$

Die Randbedingungen lauten

(7.133): $M_1(x_1 = 0) = 0 \quad \Rightarrow \quad C_{21} = 0,$

(7.134): $M_2(x_2 = \frac{l}{2}) = 0 \quad \Rightarrow \quad -\frac{q_0\,l^2}{8} + \frac{q_0}{3\,l}\frac{l^3}{8} + C_{12}\,\frac{l}{2} + C_{22} = 0.$

Die Übergangsbedingungen lauten

(7.135): $Q_1(x_1 = \frac{l}{2}) = Q(x_2 = 0) \quad \Rightarrow \quad -\frac{q_0}{l}\frac{l^2}{4} + C_{11} = C_{12},$

$$(7.136): \quad M_1(x_1 = \frac{l}{2}) = M(x_2 = 0)$$

$$\Rightarrow \quad -\frac{q_0}{l}\frac{l^3}{24} + C_{11}\frac{l}{2} + C_{21} = C_{22}.$$

Mit (7.133) in (7.136) und C_{11} eliminiert mit (7.133) * $\frac{l}{2}$ mit (7.136) * (-1) addiert folgt eine weitere Gleichung für C_{12} und C_{22}

$$(7.137): \quad -q_0\frac{l^2}{12} = C_{12}\frac{l}{2} - C_{22},$$

mit (7.134) * (-1) und (7.135) folgt

$$(7.138): \quad +\frac{q_0 l^2}{8} - \frac{q_0}{3l}\frac{l^3}{8} - q_0\frac{l^2}{12} = C_{12}\, l.$$

Daraus folgt

$$(7.139): \quad C_{11} = \frac{q_0 l}{4}, C_{12} = 0, C_{22} = -\frac{q_0 l^2}{24} + \frac{3 q_0 l^2}{24} = \frac{q_0 l^2}{12}.$$

Die endgültigen Verläufe lauten (Bild 7.41)

$$(7.140): \quad Q_1(x_1) = -\frac{q_0}{l}x_1^2 + \frac{q_0 l}{4},$$

$$(7.141):\quad Q_2(x_2) = -q_0\, x_2 + \frac{q_0}{l}\, x_2^{\,2},$$

$$(7.142):\quad M_1(x_1) = -\frac{q_0}{l}\,\frac{x_1^3}{3} + \frac{q_0\, l}{4}\, x_1,$$

$$(7.143):\quad M_2(x_2) = -q_0\,\frac{x_2^2}{2} + \frac{q_0}{l}\,\frac{x_2^3}{3} + \frac{q_0\, l^2}{12}.$$

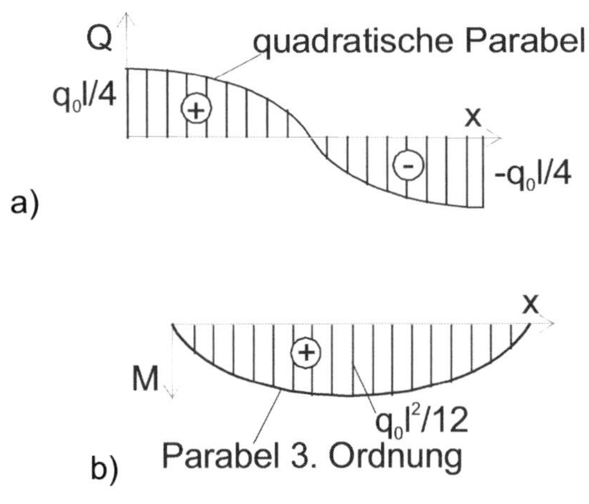

Bild 7.41 a) Querkraftverlauf; b) Momentenverlauf

Die Auflagerkräfte ergeben sich zu

$$(7.144):\quad Q_1(x_1 = 0) = \frac{q_0\, l}{4} = A_V,\; Q_2(x_2 = \frac{l}{2}) = -\frac{q_0\, l}{4} = B.$$

AUFGABE 7.4

- Bestimmung der Querkraft- und Momentenverläufe des Kragarms mit unterschiedlich angeordneter Belastung durch bereichsweises Schneiden
- Erstellung des Momentenverlaufs aus den Zusammenhängen der Tabellen 7.2 und 7.4
- Belastung ist in zwei Fällen keine kontinuierliche Funktion
- Berechnung der Auflager- und Gelenkkräfte aus den Gleichgewichtsbedingungen
- Konstruktion mit "eingehängter Parabel mit Parabelstich"

Ein Kragarm ist mit einer Gleichstreckenlast q_0 wie skizziert in drei unterschiedlichen Fällen belastet (Bild 7.42).

gegeben: l, q_0, Fall 1 Gleichstreckenlast über den gesamten Träger, Fall 2 Gleichstreckenlast über die erste Hälfte des Trägers, Fall 3 Gleichstreckenlast über die zweite Hälfte des Trägers

gesucht: Bestimmung der Querkraft- und Momentenverläufe und der Auflagerkräfte

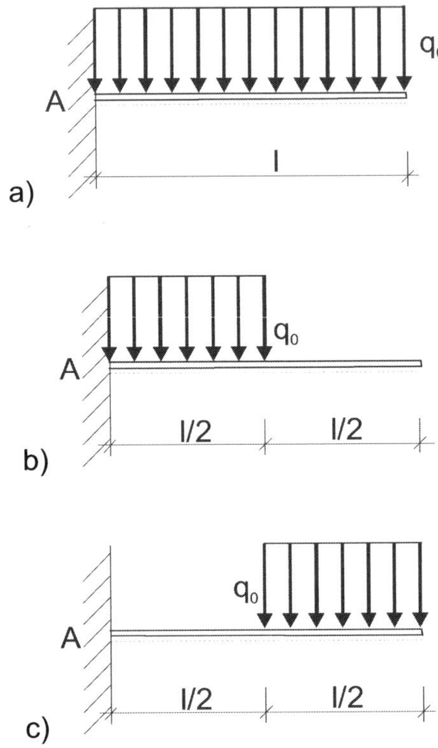

Bild 7.42 Kragarm mit einer Gleichstreckenlast q_0 in drei unterschiedlichen Fällen; a) Fall 1; b) Fall 2; c) Fall 3

LÖSUNG

In dieser Aufgabe können neben der Integration (in Fall 2 und Fall 3) feldweise) die Zusammenhänge zwischen den Funktionen Q und M genutzt werden. Das verringert den Aufwand in Fall 2 und Fall 3 erheblich.

Fall 1 Gleichstreckenlast über den gesamten Träger

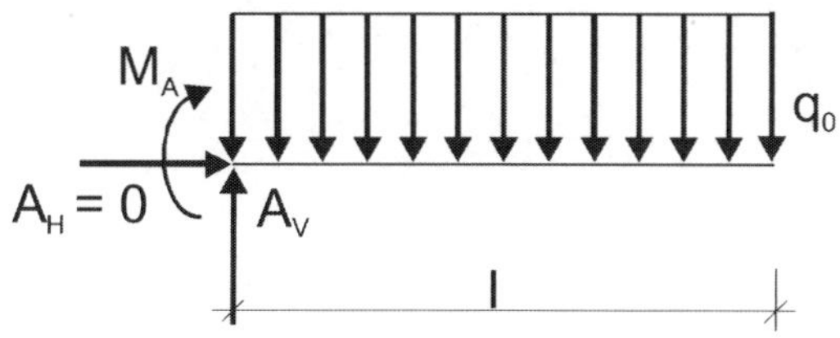

Bild 7.43 Schnittbild Fall 1

Die Gleichgewichtsbedingungen lauten

$$(7.145): \quad \rightarrow \quad A_H = 0,$$

$$(7.146): \quad \uparrow \quad A_V = q_0\, l,$$

$$(7.147): \quad A \curvearrowleft \quad M_A + q_0\, l \frac{l}{2} = 0 \quad \Rightarrow \quad M_A = -\, q_0 \frac{l^2}{2}.$$

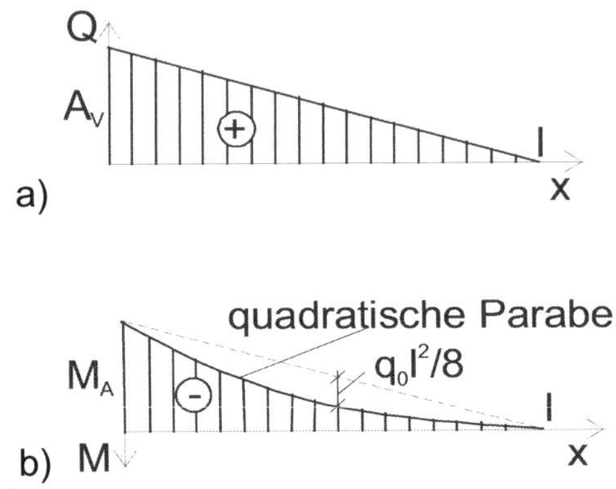

Bild 7.44 Fall 1 a) Querkraftverlauf; b) Momentenverlauf; der Momentenverlauf hat eine horizontale Tangente in x = l

Fall 2 Gleichstreckenlast über die erste Hälfte des Trägers

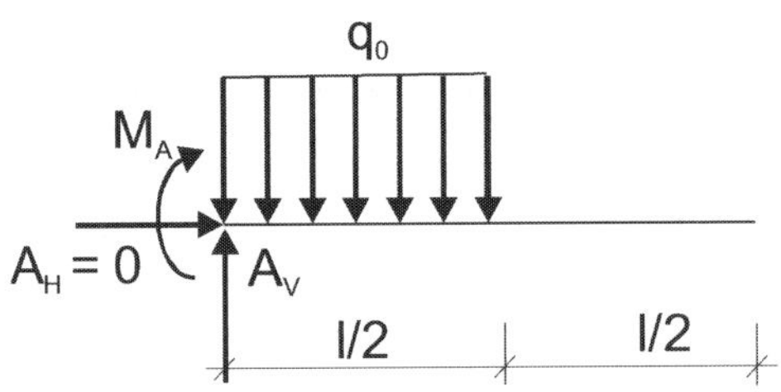

Bild 7.45 Schnittbild Fall 2

Die Gleichgewichtsbedingungen lauten

$$(7.148): \quad \rightarrow \quad A_H = 0,$$

$$(7.149): \quad \uparrow \quad A_V = q_0 \frac{l}{2},$$

$$(7.150): \quad A \curvearrowleft \quad M_A + q_0 \frac{l}{2}\frac{l}{4} = 0 \quad \Rightarrow \quad M_A = -q_0 \frac{l^2}{8}.$$

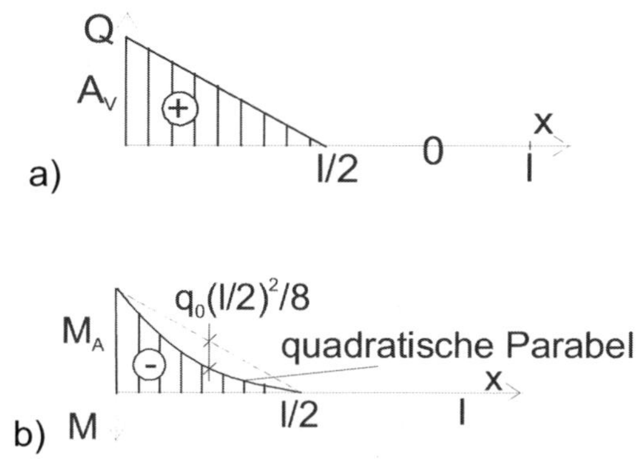

Bild 7.46 Fall 2 a) Querkraftverlauf; b) Momentenverlauf; der Momentenverlauf hat eine horizontale Tangente in x = l/2

Fall 3 Gleichstreckenlast über die zweite Hälfte des Trägers

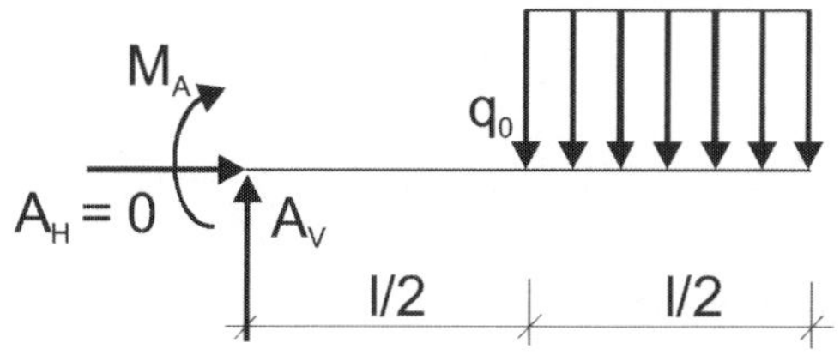

Bild 7.47 Schnittbild Fall 3

Die Gleichgewichtsbedingungen lauten

(7.151): $\rightarrow \quad A_H = 0,$

(7.152): $\uparrow \quad A_V = q_0 \frac{l}{2},$

(7.153): $A \;\circlearrowleft \quad M_A + q_0 \frac{l}{2}\frac{3l}{4} = 0 \quad \Rightarrow \quad M_A = -\, q_0 \frac{3l^2}{8}.$

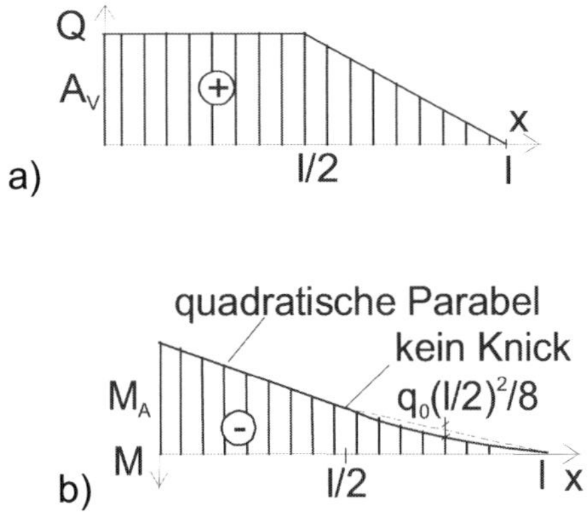

Bild 7.48 Fall 3 a) Querkraftverlauf; b) Momentenverlauf

AUFGABE 7.5

- Integration der Streckenlast zur Bestimmung des Querkraft- und Momentenverlaufs eines Balkens auf zwei Stützen

- Belastung ist keine kontinuierliche Funktion, das Lager ist unterhalb des Balkens in B angebracht, deshalb werden zwei Bereiche unterteilt
- Rand- und Übergangsbedingungen
- Berechnung der Auflagerkräfte aus der Querkraftfunktion

Der Balken ist mit einer dreieckförmigen Last q_0 wie skizziert belastet (Bild 7.49).

gegeben: l, q_0

gesucht: Bestimmung der Querkraft- und Momentenverläufe und der Auflagerkräfte

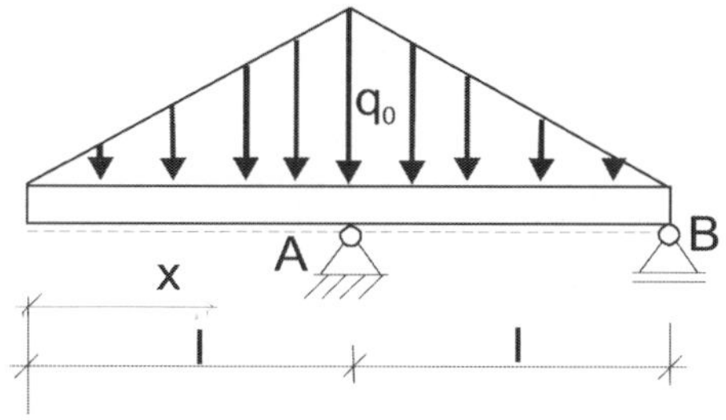

Bild 7.49 Balken mit einer dreieckförmigen Last q_0

LÖSUNG

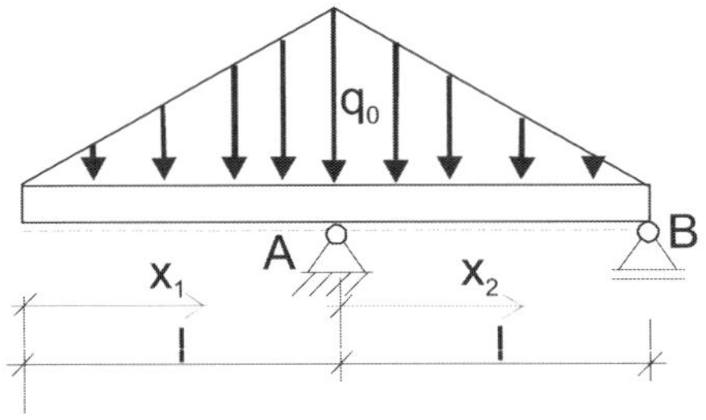

Bild 7.50 Bereichsaufteilung

Die horizontale Auflagerkraft ergibt sich zu

$$(7.154):\quad \rightarrow \quad A_H = 0,$$

Die Integration erfolgt in zwei Bereichen. Für den Bereich $0 \leq x_1 \leq$ l lauten sie

$$(7.155):\quad q_1(x_1) = \frac{q_0}{l}\, x_1,$$

$$(7.156):\quad Q_1(x_1) = -\frac{q_0}{l}\frac{x_1^2}{2} + C_{11},$$

$$(7.157):\quad M_1(x_1) = -\frac{q_0}{l}\frac{x_1^3}{6} + C_{11}\, x_1 + C_{21}$$

und für den Bereich $0 \le x_2 \le l$

(7.158): $$q_2(x_2) = q_0 - \frac{q_0}{l} x_2,$$

(7.159): $$Q_2(x_2) = -q_0 x_2 + \frac{q_0}{l}\frac{x_2^2}{2} + C_{12},$$

(7.160): $$M_2(x_2) = -q_0 \frac{x_2^2}{2} + \frac{q_0}{l}\frac{x_2^3}{6} + C_{12} x_2 + C_{22}.$$

Die Randbedingungen lauten

(7.161): $$M_1(x_1 = 0) = 0 \quad \Rightarrow \quad C_{21} = 0,$$

(7.162): $$M_2(x_2 = l) = -\frac{q_0 l^2}{2} + \frac{q_0}{l}\frac{l^3}{6} + C_{12} l + C_{22} = 0,$$

(7.163): $$Q_1(x_1 = 0) = 0 \quad \Rightarrow \quad C_{11} = 0.$$

Die Übergangsbedingungen lauten

(7.164): $$M_1(x_1 = l) = M_2(x_2 = 0)$$
$$\Rightarrow \quad -\frac{q_0}{l}\frac{l^3}{6} + 0 l + 0 = C_{22} \quad \Rightarrow \quad C_{22} = -\frac{1}{6} q_0 l^2.$$

Aus (7.162) folgt

$$(7.165): \quad C_{12} = \frac{1}{2} q_0 \, l.$$

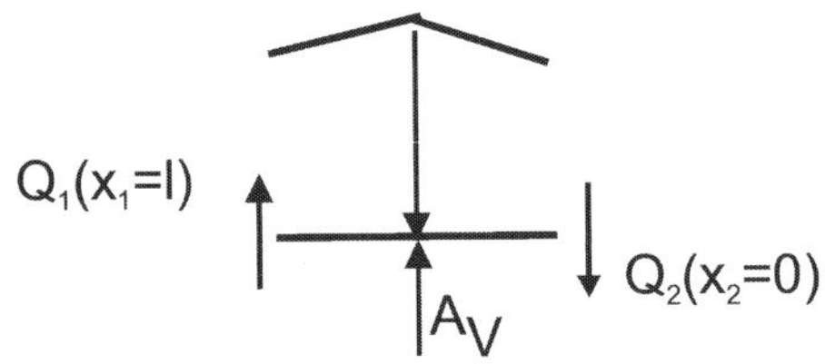

Bild 7.51 Auflagerkräfte im Lager A;

Die Auflagerkräfte ergeben sich zu

$$(7.166): \quad \uparrow: \quad A = Q_2(x_2 = 0) - Q_1(x_1 = l) = q_0 \, l,$$

$$(7.167): \quad \uparrow: \quad B = -Q_2(x_2 = l) = 0.$$

Die endgültigen Verläufe lauten (Bild 7.52)

$$(7.168): \quad Q_1(x_1) = -\frac{q_0}{l} \frac{x_1^2}{2},$$

$$(7.169): \quad Q_2(x_2) = \frac{q_0}{l} \frac{x_2^2}{2} - q_0 \, x_2 + \frac{1}{2} q_0 \, l,$$

(7.170): $$M_1(x_1) = -\frac{q_0}{l}\frac{x_1^3}{6},$$

(7.171): $$M_2(x_2) = \frac{q_0}{l}\frac{x_2^3}{6} - q_0\frac{x_2^2}{2} + \frac{1}{2}q_0\, l\, x_2 - \frac{1}{6}q_0\, l^2.$$

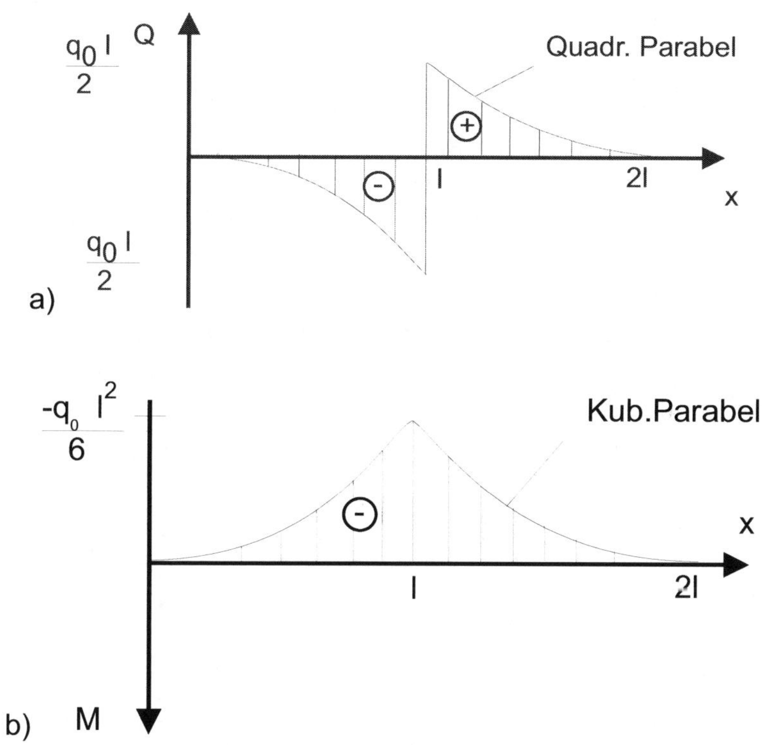

Bild 7.52 a) Querkraftverlauf; b) Momentenverlauf

AUFGABE 7.6

- Bestimmung des Querkraft- und Momentenverlaufs eines Kragarm mit Hebel durch bereichsweises Schneiden
- Erstellung des Momentenverlaufs aus den Zusammenhängen der Tabellen 7.2 und 7.4
- Belastung ist keine kontinuierliche Funktion
- Einzellasten greifen am Balken an
- Berechnung der Auflagerkräfte aus den Gleichgewichtsbedingungen
- Konstruktion mit "eingehängter Parabel mit Parabelstich"

Ein Kragarm mit Hebel ist mit einer Gleichstreckenlast q_0 und Einzellasten wie skizziert belastet (Bild 7.54).

gegeben: a, $F_1 = F_2 = F_3 = F$, $q_0 = \frac{F}{a}$

gesucht: Bestimmung der Querkraft- und Momentenverläufe und der Auflagerkräfte

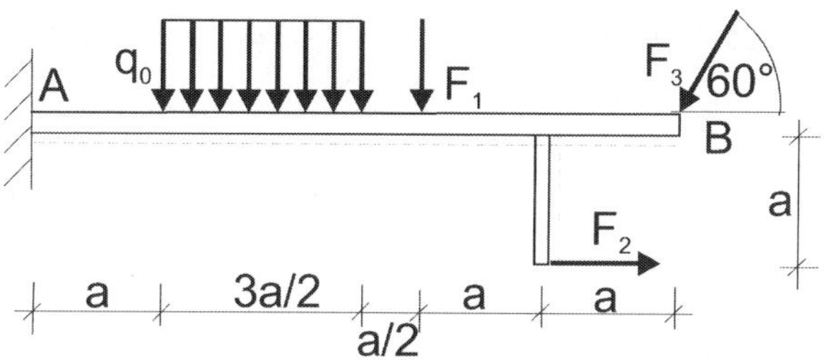

Bild 7.53 Kragarm mit Hebel mit einer Gleichstreckenlast q_0 und Einzellasten

LÖSUNG

Diese Aufgabe lässt sich nur noch mit großem Aufwand durch Integrieren lösen. Hier ist die Methode des bereichsweisen Schneidens von Vorteil.

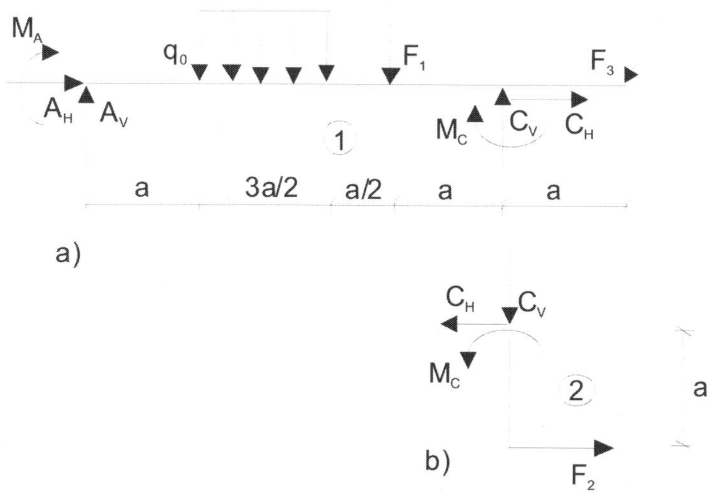

Bild 7.54 Schnittbild; a) Hauptträger; b) Hebel

Die Gleichgewichtsbedingungen am Teilsystem 2 lauten

(7.172): $\rightarrow$: $C_H = F_2$,

(7.173): $\uparrow$: $C_v = 0$,

(7.174): C $\curvearrowleft$ $M_C = - F_2\, a$.

Die Gleichgewichtsbedingungen am Teilsystem 1 lauten

(7.175): $\rightarrow$: $A_H = - C_H + F_3 \cos 60^0$,

$$\Rightarrow \quad A_H = - F_2 + F \cos 60^0 = - \frac{1}{2} F,$$

(7.176): $\uparrow$: $A_V = q_0 \frac{3}{2} a + F_1 + F_3 \sin 60^0 - C_V$

$$\Rightarrow \quad A_V = (\frac{5}{2} + \frac{\sqrt{3}}{2}) F = 3.37\, F,$$

(7.177): A $\curvearrowleft$

$$M_A = - q_0 \frac{3}{2} a \frac{7}{4} a - F_1\, 3\, a + C_V\, 4\, a - F_3 \sin 60^0\, 5\, a - M_C$$

$$\Rightarrow \quad M_A = - \frac{1}{8} F\, a\, (37 + 20\sqrt{3}) = - 8.96\, F\, a.$$

Die Schnittkräfte werden durch bereichsweises Schneiden bestimmt, mit $F_1 = F_2 = F_3 = F$ und $q_0 = \frac{F}{a}$.

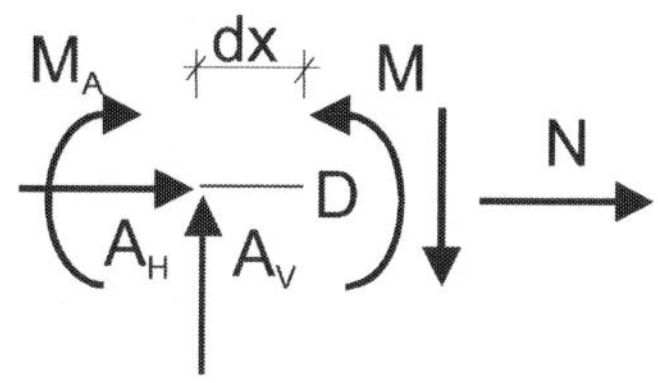

Bild 7.55 Schnittbild dx nach der Einspannstelle A

Die Gleichgewichtbedingungen am Teilsystem in Bild 7.55 lauten

$$(7.178): \quad \rightarrow: \quad N = -A_H = \frac{1}{2} F,$$

$$(7.179): \quad \uparrow: \quad Q = A_V = 3.37 F,$$

$$(7.180): \quad D \circlearrowleft \quad M = M_A + A_V\, a = -5.59 F a.$$

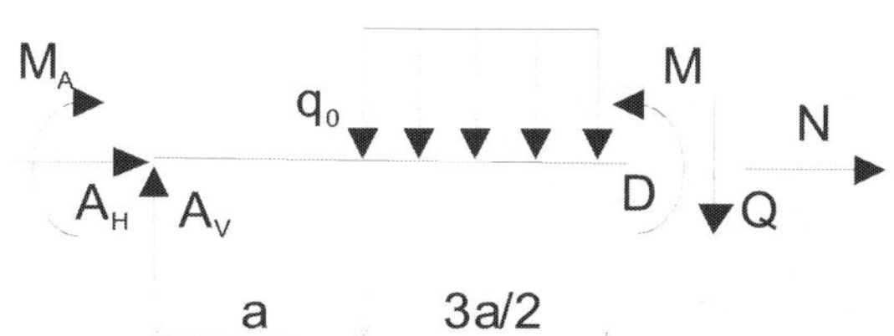

Bild 7.56 Schnittbild nach der Gleichstreckenlast

Die Gleichgewichtbedingungen am Teilsystem in Bild 7.56 lauten

(7.181): $\rightarrow: \quad N = -A_H = \frac{1}{2} F,$

(7.182): $\uparrow: \quad Q = A_V - q_0 \frac{3}{2} a = 1.87 F,$

(7.183): $D \curvearrowleft \quad M = M_A + A_V \frac{5}{2} a - q_0 \frac{3}{2} a \frac{3}{4} a = -1.66 F a.$

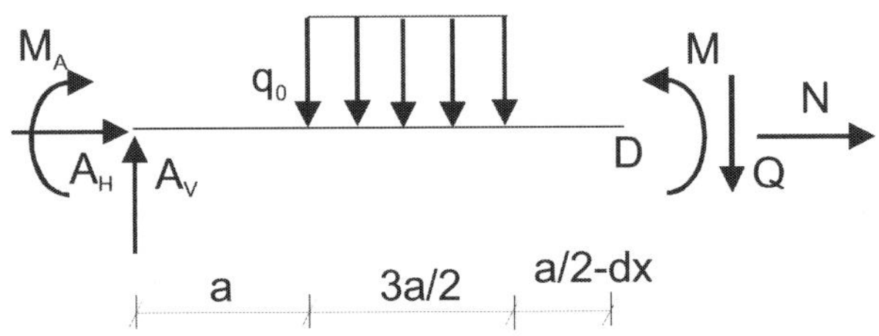

Bild 7.57 Schnittbild dx vor dem Hebel

Die Gleichgewichtbedingungen am Teilsystem in Bild 7.57 lauten

(7.184): $\rightarrow: \quad N = -A_H = \frac{1}{2} F,$

(7.185): $\uparrow: \quad Q = 1.87 F,$

$$(7.186): \quad D \curvearrowleft \quad M = M_A + A_V\, 3a - q_0 \frac{3}{2} a \frac{5}{4} a = -0.73\,F\,a.$$

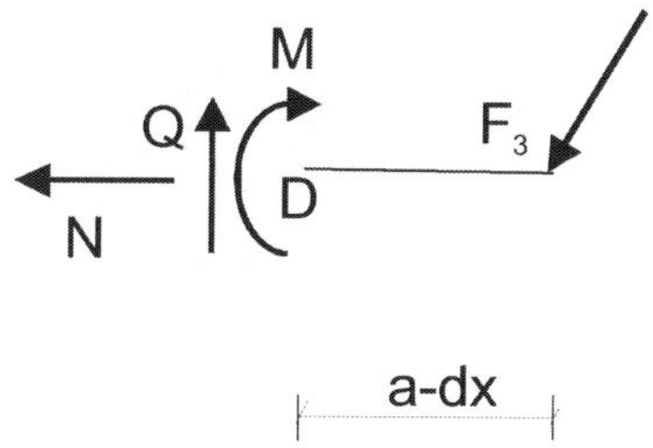

Bild 7.58 Schnittbild dx nach dem Hebel

Die Gleichgewichtbedingungen am Teilsystem in Bild 7.58 lauten

$$(7.187): \quad \rightarrow: \quad N = -\frac{1}{2} F,$$

$$(7.188): \quad \uparrow: \quad Q = \frac{\sqrt{3}}{2} F = 0.87F,$$

$$(7.189): \quad D \curvearrowleft \quad M = -\frac{\sqrt{3}}{2} F\,a = -0.87\,F\,a.$$

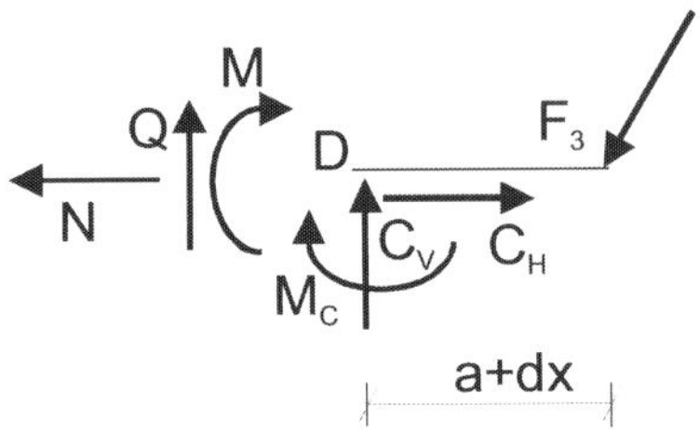

Bild 7.59 Schnittbild dx vor dem Hebel

Die Gleichgewichtbedingungen am Teilsystem in Bild 7.59 lauten

(7.190): $\rightarrow$: $N = C_H - \frac{1}{2} F = \frac{1}{2} F,$

(7.191): $\uparrow$: $Q = \frac{\sqrt{3}}{2} F = 0.87F,$

(7.192): D $\curvearrowleft$ $M = -\frac{\sqrt{3}}{2} F\,a - M_C = 0.13\,F\,a.$

Damit ergeben sich die Querkraft- und Momentenverläufe.

a)

b)

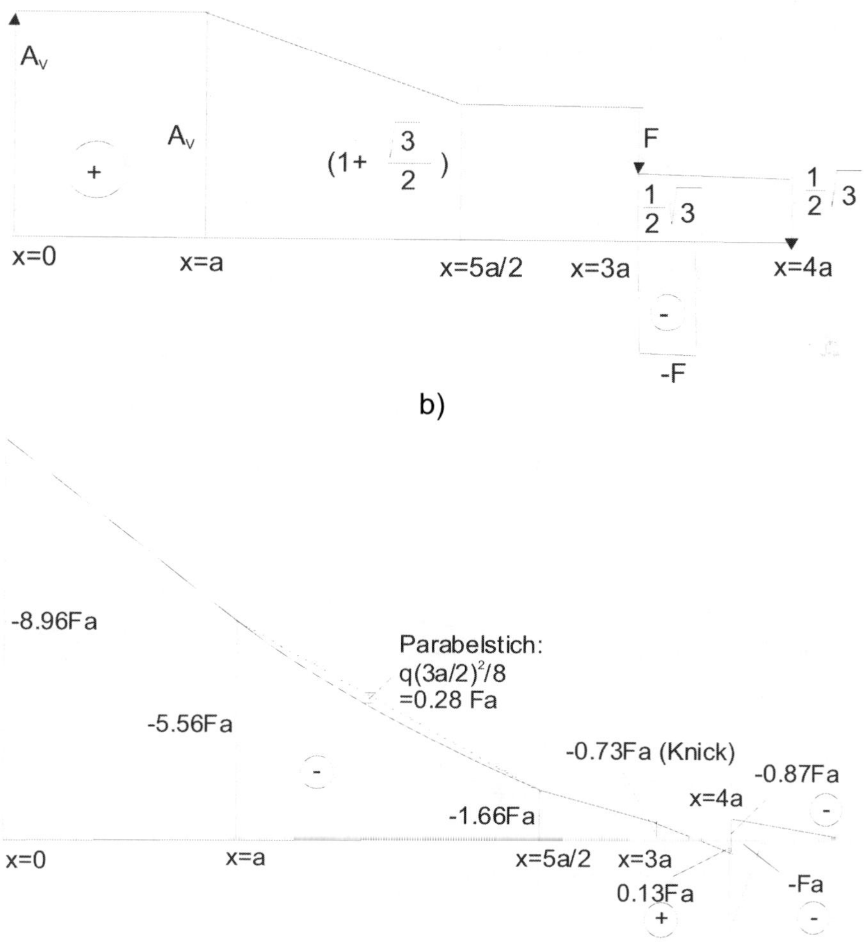

Bild 7.60 a) Querkraftverlauf; b) Momentenverlauf

AUFGABE 7.7

- Bestimmung des Querkraft- und Momentenverlaufs eines Balkens durch bereichsweises Schneiden
- Erstellung des Momentenverlaufs aus den Zusammenhängen der Tabellen 7.2 und 7.4
- Belastung ist keine kontinuierliche Funktion
- Einzellasten greifen am Balken an
- Berechnung der Auflagerkräfte aus den Gleichgewichtsbedingungen
- Konstruktion mit "eingehängter Parabel mit Parabelstich"

Der Balken ist mit einer Gleichstreckenlast q_0 und Einzellasten wie skizziert belastet (Bild 7.62).

gegeben: a, $F_1 = 2F$, $F_2 = F$, $q_0 = \frac{F}{a}$

gesucht: Bestimmung der Querkraft- und Momentenverläufe

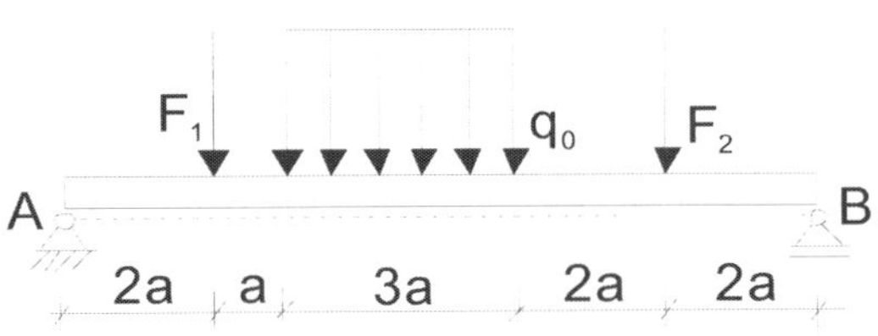

Bild 7.61 Balken mit einer Gleichstreckenlast q_0 und Einzellasten

LÖSUNG

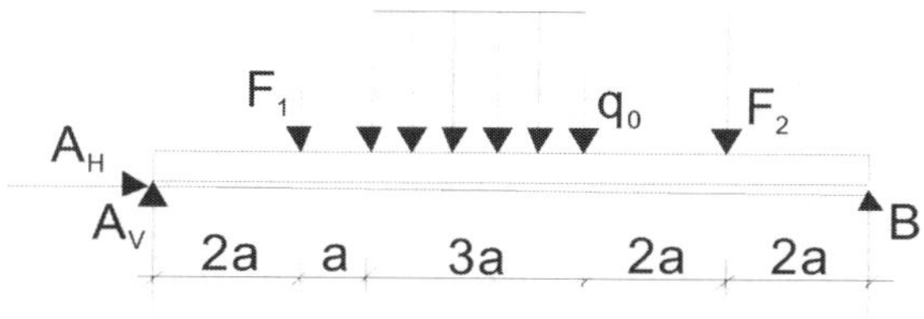

Bild 7.62 Schnittbild

Die Auflagerkräfte werden durch die Gleichgewichtsbedingungen am Gesamtsystem bestimmt

(7.193): $\rightarrow$: $A_H = 0$,

(7.194): $\uparrow$: $A_V - F_1 - q_0\, 3\, a - F_2 + B = 0 \quad \Rightarrow \quad A_V = 3{,}45\, F$,

(7.195): A ↶

$(B\, 10 - F_2\, 8 - q_0\, 3 * 4{,}5\, a - F_1\, 2)\, a = 0 \quad \Rightarrow \quad B = 2{,}55\, F$,

Die Schnittkraftverläufe (Bild 7.63) werden durch bereichsweises Schneiden bestimmt.

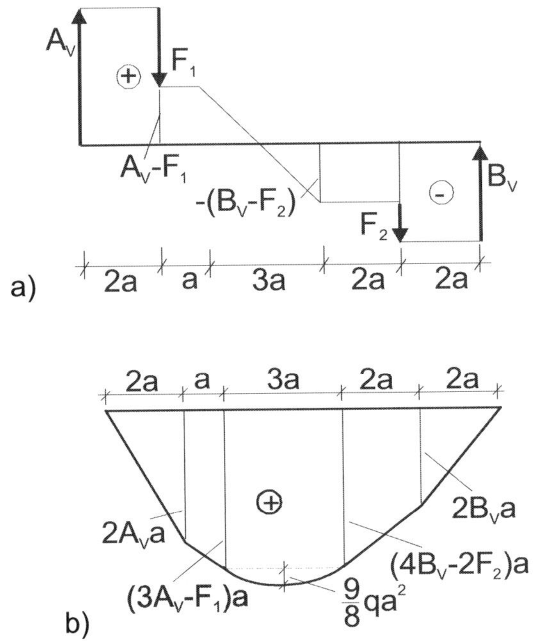

Bild 7.63 a) Querkraftverlauf; b) Momentenverlauf

AUFGABE 7.8

- Bestimmung des Querkraft- und Momentenverlaufs eines Balkens durch bereichsweises Schneiden
- Erstellung des Momentenverlaufs aus den Zusammenhängen der Tabellen 7.2 und 7.4
- Belastung ist keine kontinuierliche Funktion
- Einzellasten greifen am Balken an

- Berechnung der Auflagerkräfte aus den Gleichgewichtsbedingungen
- Konstruktion mit "eingehängter Parabel mit Parabelstich"

Der Balken ist mit einer Gleichstreckenlast q_0 und Einzellasten wie skizziert belastet (Bild 7.65).

gegeben: a, $F_1 = 2\ F$, $F_2 = 3\ F$, $q_0 = \frac{F}{2a}$

gesucht: Bestimmung der Querkraft- und Momentenverläufe und der Auflagerkräfte

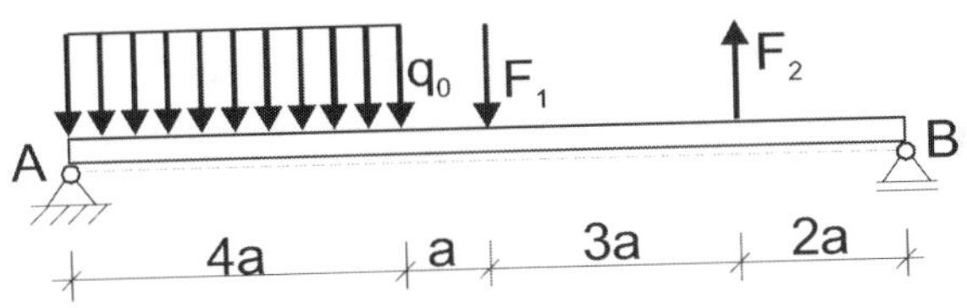

Bild 7.64 Balken mit einer Gleichstreckenlast q_0 und Einzellasten

LÖSUNG

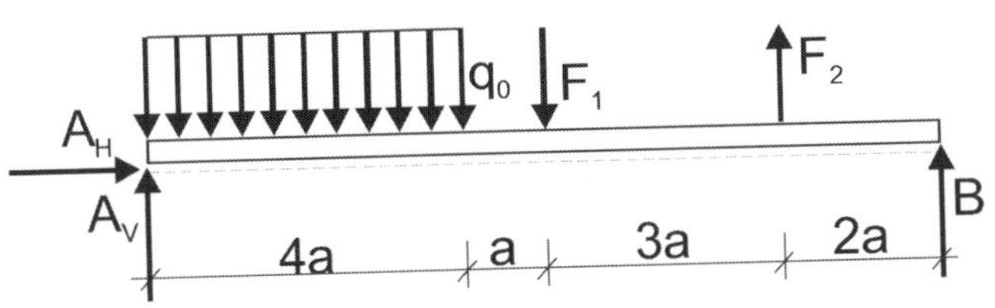

Bild 7.65 Schnittbild

Die Auflagerkräfte werden durch die Gleichgewichtsbedingungen am Gesamtsystem bestimmt

$$(7.196): \quad A \curvearrowleft \quad B\,10\,a + F_2\,8\,a - F_1\,5\,a - q_0\,4\,a\,2\,a = 0$$

$$\Rightarrow \quad B = \frac{1}{10}(-\,24\,F + 10\,F + 4\,F) = -\,F,$$

$$(7.197): \quad \uparrow: \quad A_V = q_0\,4\,a + F_1 - F_2 - B \quad \Rightarrow \quad A_V = 2\,F,$$

$$(7.198): \quad \rightarrow: \quad A_H = 0,$$

Die Schnittkraftverläufe (Bild 7.63) werden durch bereichsweises Schneiden bestimmt.

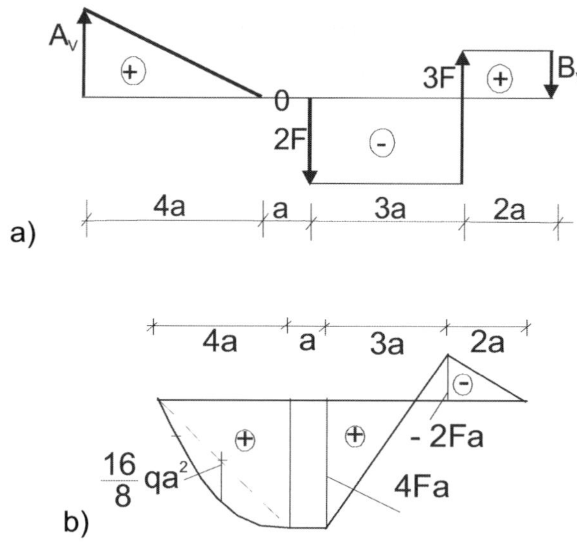

Bild 7.66 a) Querkraftverlauf; b) Momentenverlauf

AUFGABE 7.9

- Bestimmung des Querkraft- und Momentenverlaufs eines Balkens durch bereichsweises Schneiden
- Erstellung des Momentenverlaufs aus den Zusammenhängen der Tabellen 7.2 und 7.4
- Belastung ist keine kontinuierliche Funktion
- Lagerung ist unterhalb des Balkens in A angebracht
- Einzellasten greifen am Balken an

- Berechnung der Auflagerkräfte aus den Gleichgewichtsbedingungen

Der Balken ist mit Einzellasten wie skizziert belastet (Bild 7.67).

gegeben: a, $F_1 = 2\,F_2 = F$

gesucht: Bestimmung der Querkraft- und Momentenverläufe und der Auflagerkräfte

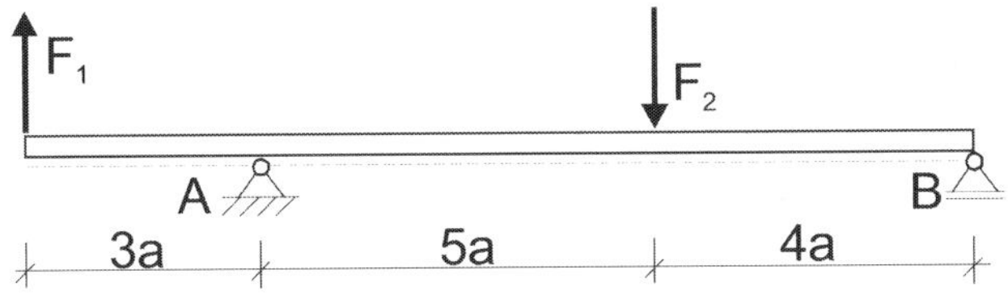

Bild 7.67 Balken mit Einzellasten

LÖSUNG

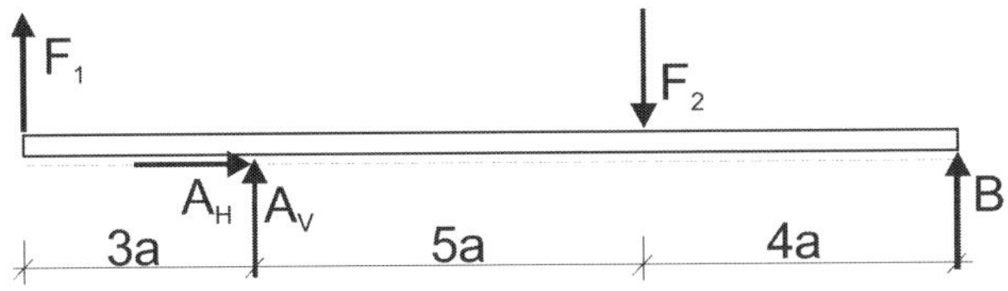

Bild 7.68 Schnittbild

Die Auflagerkräfte werden über die Gleichgewichtsbedingungen bestimmt

$$(7.199):\quad A \curvearrowleft \quad -F_1\,3a - F_2\,5a + B\,9a = 0 \quad \Rightarrow \quad B = \frac{11}{18}F,$$

$$(7.200):\quad \uparrow:\quad A_V = -\frac{10}{9}F,$$

$$(7.201):\quad \rightarrow:\quad A_H = 0,$$

Die Schnittkraftverläufe (Bild 7.69) werden durch bereichsweises Schneiden bestimmt.

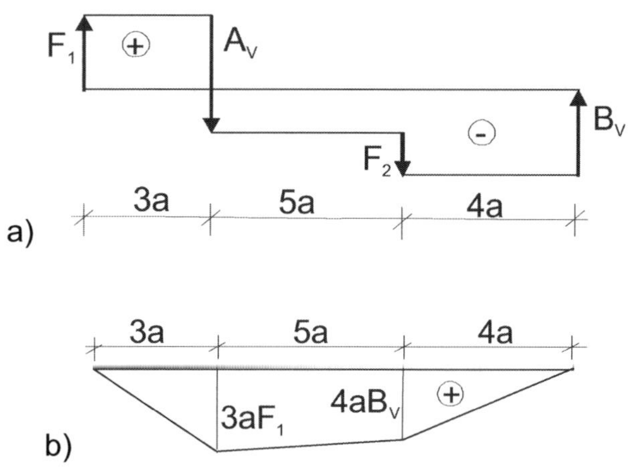

Bild 7.69 a) Querkraftverlauf; b) Momentenverlauf

AUFGABE 7.10

- Integration der Streckenlast zur Bestimmung des Querkraft- und Momentenverlaufs eines Balkens auf zwei Stützen
- Belastung ist keine kontinuierliche Funktion, deshalb werden zwei Bereiche unterteilt
- Rand- und Übergangsbedingungen
- Berechnung der Auflagerkräfte aus der Querkraftfunktion

Der Balken ist durch eine Streckenlast q(x) wie skizziert belastet (Bild 7.70).

gegeben: a, q_0

gesucht: Bestimmung der Querkraft- und Momentenverläufe und der Auflagerkräfte

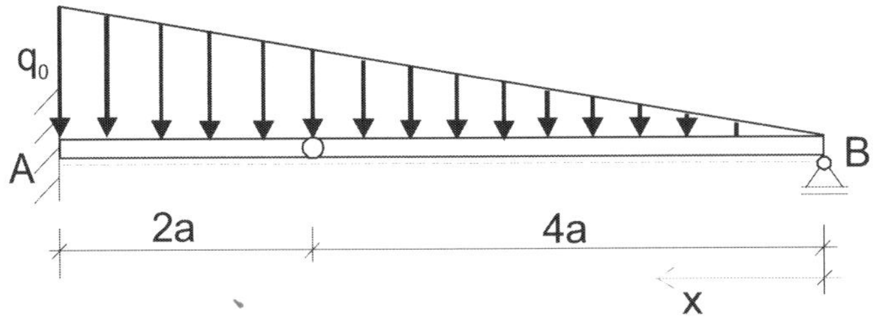

Bild 7.70 Balken mit einer Streckenlast q(x)

LÖSUNG

Hier wird das Koordinatensystem sinnvollerweise von B nach A geführt. Das erleichtert zum einen die Aufstellung der Belastung q(x) und zum anderen das Berechnen der Konstanten.

Die Schnittkräfte werden durch Integration ermittelt

$$(7.202): \quad \frac{dQ}{dx} = -\,q(x) = -\,q_0\,\frac{x}{6a},$$

$$(7.203): \quad Q = -\,q_0\,\frac{x^2}{12a} + C_1,$$

$$(7.204): \quad M = -\,q_0\,\frac{x^3}{36a} + C_1\,x + C_2.$$

Die Rand- und Übergangsbedingungen bestimmen die Konstanten

$$(7.205): \quad M(x=0) = 0 \quad \Rightarrow \quad C_2 = 0,$$

$$(7.206): \quad M(x = 4\,a) = 0 \quad \Rightarrow \quad -\,q_0\,\frac{16\,a^2}{9} + C_1\,4\,a = 0$$

$$\Rightarrow \quad C_1 = \frac{4}{9}\,q_0\,a,$$

Die endgültigen Verläufe lauten (Bild 7.71)

$$(7.207):\quad Q = -q_0 \frac{x^2}{12a} + \frac{4}{9} q_0\, a,$$

$$(7.208):\quad M = -q_0 \frac{x^3}{36a} + \frac{4}{9} q_0\, a\, x.$$

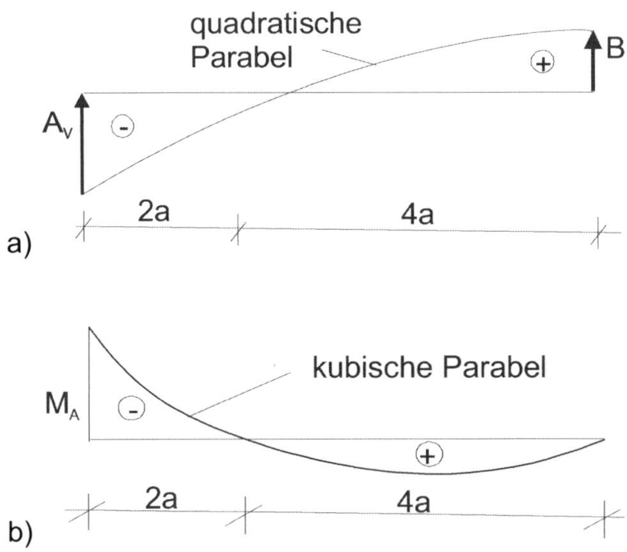

Bild 7.71 a) Querkraftverlauf; b) Momentenverlauf

Die Auflagerkräfte lassen sich aus den Verläufen bestimmen

$$(7.209):\quad A_H = 0, A_V = -Q(l) = -\frac{23}{9} q_0\, a,$$

(7.210): $M_A = M(l) = -\frac{10}{3} q_0 a^2$

AUFGABE 7.11

- Bestimmung des Querkraft- und Momentenverlaufs eines Balkens durch bereichsweises Schneiden
- Erstellung des Momentenverlaufs aus den Zusammenhängen der Tabellen 7.2 und 7.4
- Belastung ist keine kontinuierliche Funktion
- Lagerung ist unterhalb des Balkens in B angebracht
- Balken wird durch ein Gelenk unterbrochen
- Einzellast greift am Balken an
- Berechnung der Auflagerkräfte aus den Gleichgewichtsbedingungen
- Konstruktion mit "eingehängter Parabel mit Parabelstich"

Der Balken ist durch eine Gleichstreckenlast q_0 und eine Einzellast F wie skizziert belastet (Bild 7.76).

gegeben: a, F, $q_0 = \frac{F}{a}$

gesucht: Bestimmung der Querkraft- und Momentenverläufe und der Auflagerkräfte

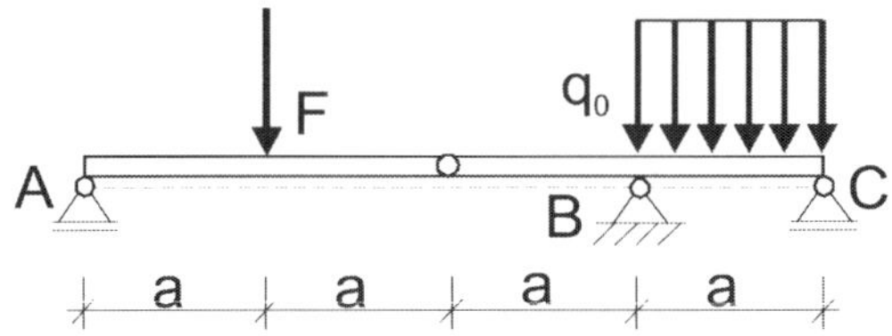

Bild 7.72 Balken mit Gleichstreckenlast q_0 und Einzellast F

LÖSUNG

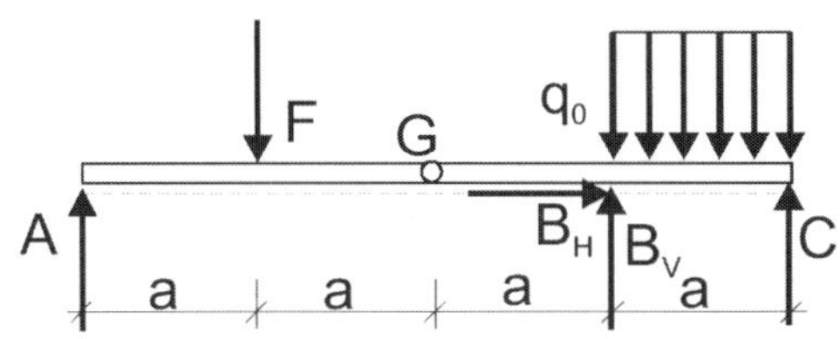

Bild 7.73 Schnittbild

Die Auflager- und Gelenkkräfte werden über die Gleichgewichtsbedingungen bestimmt

(7.211): G_{li} ↶ $F a - A 2 a = 0 \Rightarrow A = \frac{1}{2} F$

(7.212): G_{re} ↶ $B_V a + C 2 a - q_0 a \frac{3}{2} a = 0$

am Gesamtsystem

$$(7.213): \quad A \circlearrowleft \quad -F\,a + B_V\,3a + C\,4a - q_0\,a\frac{7}{2}a = 0$$

Mit (7.195) * (-3) + (7.196) wird B_V eliminiert

$$(7.214): \quad -C\,6a + q_0\,a\frac{9}{2}a - F\,a + C\,4a - q_0\,a\frac{7}{2}a = 0$$

$$\Rightarrow \quad C = 0$$

in (7.195) eingesetzt ergibt sich

$$(7.215): \quad B_V = q_0\,a\frac{3}{2} = \frac{3}{2}F$$

Die Schnittkraftverläufe (Bild 7.74) werden durch bereichsweises Schneiden bestimmt.

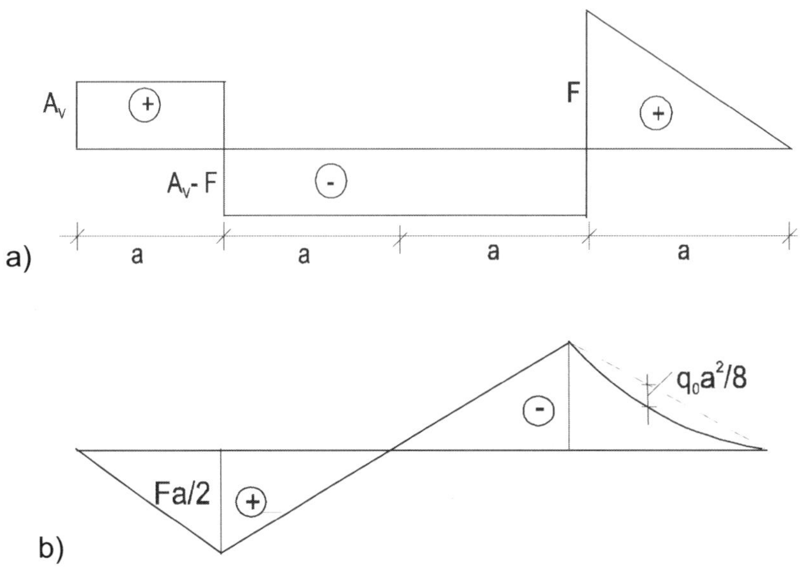

Bild 7.74 a) Querkraftverlauf; b) Momentenverlauf

AUFGABE 7.12

- Bestimmung des Querkraft- und Momentenverlaufs eines Balkens durch bereichsweises Schneiden
- Erstellung des Momentenverlaufs aus den Zusammenhängen der Tabellen 7.2 und 7.4
- Belastung ist keine kontinuierliche Funktion
- Lagerung ist unterhalb des Balkens in B angebracht
- Balken wird durch ein Gelenk unterbrochen

- Einzellast greift am Balken an
- Berechnung der Auflager- und Gelenkkräfte aus den Gleichgewichtsbedingungen
- Konstruktion mit "eingehängter Parabel mit Parabelstich"

Der Balken ist durch eine Gleichstreckenlast q_0 und eine Einzellast F wie skizziert belastet (Bild 7.76).

gegeben: a, F, $q_0 = \dfrac{F}{3a}$

gesucht: Bestimmung der Querkraft- und Momentenverläufe

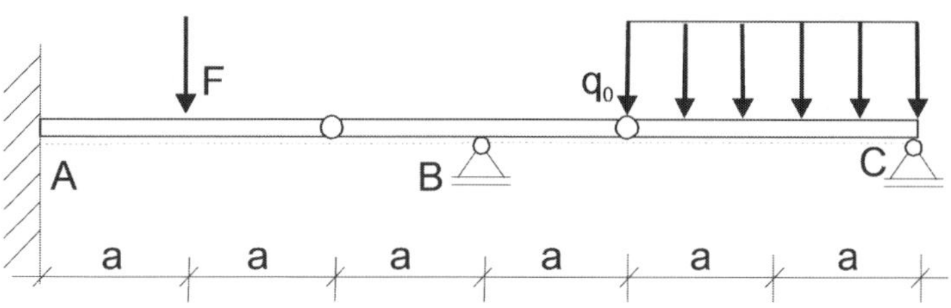

Bild 7.75 Balken mit einer Gleichstreckenlast q_0 und einer Einzellast F

LÖSUNG

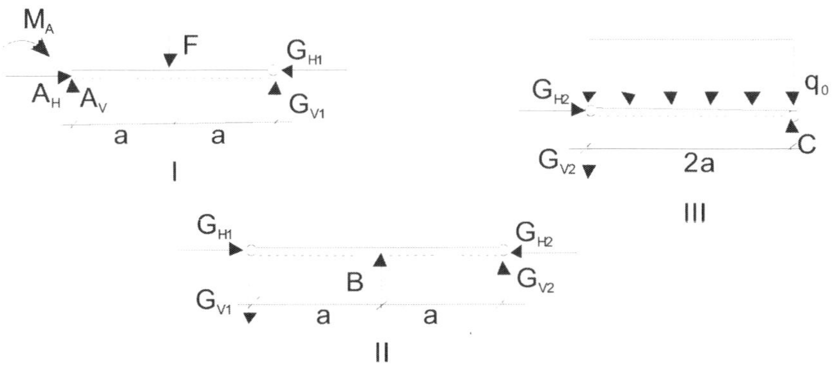

Bild 7.76 Schnittbild

Die Gleichgewichtsbedingungen am Teilsystem III lauten

$$(7.216): \quad \rightarrow: \quad G_{H2} = 0 \quad \Rightarrow \quad G_{H1} = 0, A_H = 0,$$

$$(7.217): \quad \uparrow: \quad C = -G_{V2} = \frac{q_0\, 2\,a}{2} \quad \Rightarrow \quad C = \frac{F}{3}.$$

Die Gleichgewichtsbedingung mit der Symmetriebetrachtung am Teilsystem II lautet

$$(7.218): \quad G_{V1} - G_{V2} = 0 \quad \Rightarrow \quad B = \frac{2}{3}F.$$

Die Gleichgewichtsbedingungen am Teilsystem I lauten

$$(7.219): \quad A \curvearrowleft \quad M_A = -F\,a + G_{V1}\,2\,a \quad \Rightarrow \quad M_A = -\frac{1}{3}F\,a,$$

$$(7.220): \quad \uparrow: \quad A_V = \frac{2}{3}F.$$

Die Schnittkraftverläufe (Bild 7.77) werden durch bereichsweises Schneiden bestimmt.

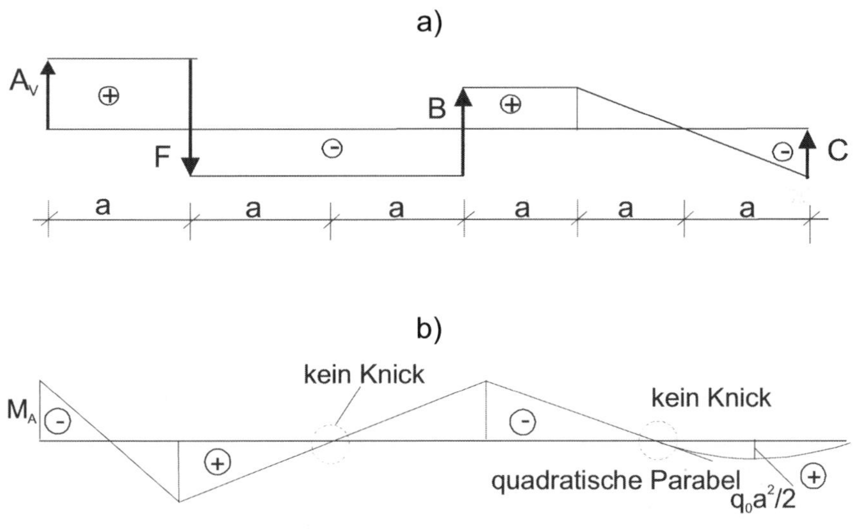

Bild 7.77 a) Querkraftverlauf; b) Momentenverlauf

AUFGABE 7.13

- Bestimmung des Querkraft- und Momentenverlaufs eines Gerberträgers durch bereichsweises Schneiden
- Erstellung des Momentenverlaufs aus den Zusammenhängen der Tabellen 7.2 und 7.4
- Belastung ist keine kontinuierliche Funktion
- Lagerung ist unterhalb des Balkens in B angebracht
- Balken wird durch ein Gelenk unterbrochen
- Einzellasten greifen am Balken an
- Berechnung der Auflager- und Gelenkkräfte aus den Gleichgewichtsbedingungen

Der Gerberträger ist durch zwei Einzellasten F wie skizziert belastet (Bild 7.82).

gegeben: l, F

gesucht: Bestimmung der Querkraft- und Momentenverläufe und der Auflager- und Gelenkkräfte

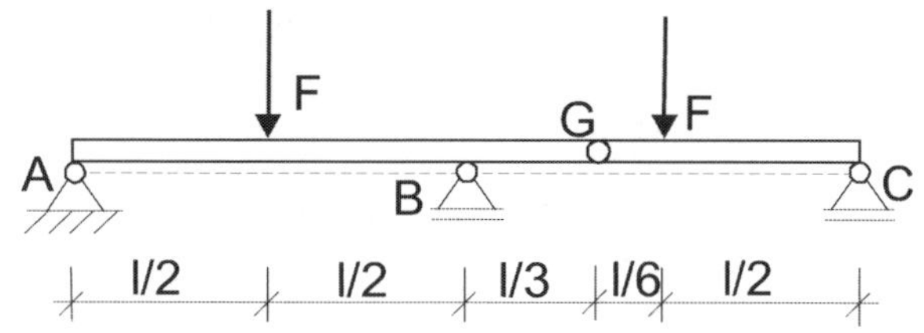

Bild 7.78 Balken mit zwei Einzellasten F

LÖSUNG

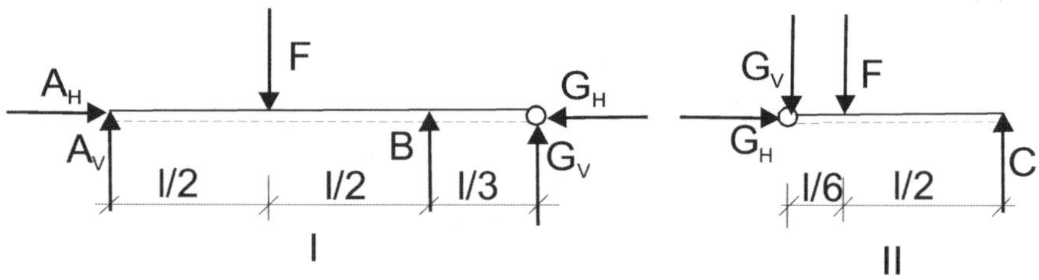

Bild 7.79 Schnittbild

Die Gleichgewichtsbedingungen am Teilsystem I lauten

$$(7.221):\quad G_{li} \curvearrowleft \quad A_V \frac{4}{3} l - F \frac{5}{6} l + B \frac{1}{3} l = 0,$$

$$(7.222):\quad \uparrow:\quad A_V - F + B + G_V = 0,$$

$$(7.223):\quad \rightarrow:\quad A_H = G_H = 0.$$

Die Gleichgewichtsbedingungen am Teilsystem II lauten

$$(7.244):\quad C \curvearrowleft \quad G_V \frac{4}{6} l + F \frac{1}{2} l = 0 \quad \Rightarrow \quad G_V = -\frac{3}{4} F.$$

(7.221) + (7.222) * $(-\frac{1}{3}$ l) mit (7.224) ergibt

$$(7.225):\quad A_V \frac{4}{3} l - F \frac{5}{6} l + B \frac{1}{3} l + A_V (-\frac{1}{3} l)\_$$

$$- F (-\frac{1}{3} l) + B (-\frac{1}{3} l) + G_V (-\frac{1}{3} l) = 0$$

$$\Rightarrow \quad A_V = \frac{1}{4} F, B = \frac{3}{2} F, C = \frac{1}{4} F.$$

Die Schnittkraftverläufe (Bild 7.80) werden durch bereichsweises Schneiden bestimmt.

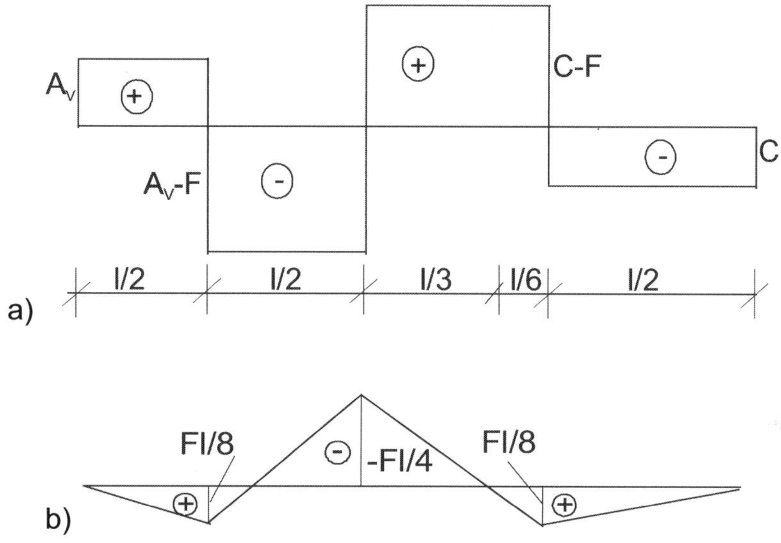

Bild 7.80 a) Querkraftverlauf; b) Momentenverlauf

AUFGABE 7.14

- Bestimmung des Querkraft- und Momentenverlaufs eines Gerberträgers durch bereichsweises Schneiden
- Erstellung des Momentenverlaufs aus den Zusammenhängen der Tabellen 7.2 und 7.4
- Belastung ist keine kontinuierliche Funktion
- Lagerungen sind unterhalb des Trägers in B und C angebracht
- Träger wird durch Gelenke unterbrochen

- Einzellasten greifen am Träger an
- Berechnung der Auflager- und Gelenkkräfte aus den Gleichgewichtsbedingungen
- Konstruktion mit "eingehängter Parabel mit Parabelstich"

Der Gerberträger ist durch drei Einzellasten und eine Gleichstreckenlast q_0 wie skizziert belastet (Bild 7.85).

gegeben: a, b, F, $q_0 = \dfrac{4F}{3a}$

gesucht: Bestimmung der Querkraft- und Momentenverläufe, Auflager- und Gelenkkräfte

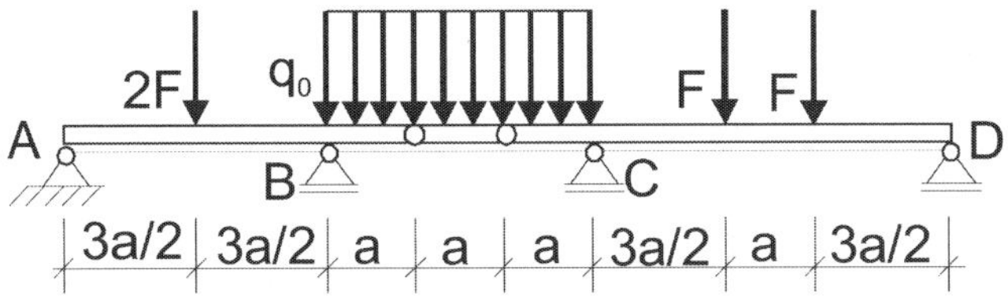

Bild 7.81 Balken mit drei Einzellasten und einer Gleichstreckenlast q_0

LÖSUNG

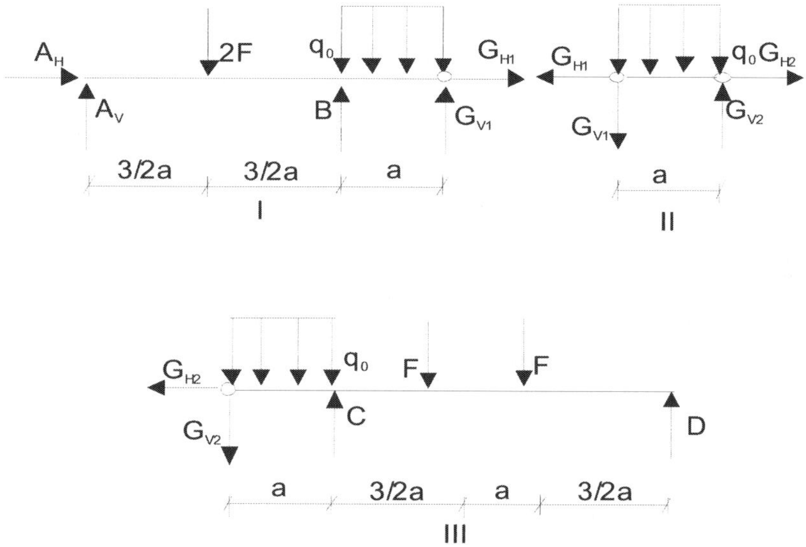

Bild 7.82 Schnittbild

Die Gleichgewichtsbedingung am Gesamtsystem lautet

$$(7.226): \quad \rightarrow: \quad A_H = G_{H1} = G_{H2} = 0.$$

Die Gleichgewichtsbedingungen am Teilsystem II lauten

$$(7.227): \quad G_{li} \curvearrowleft \quad G_{V2}\, b = q_0\, a \frac{1}{2} a = \frac{4}{3} \frac{F}{a} a \frac{1}{2} a \quad \Rightarrow \quad G_{V2} = \frac{2}{3} F,$$

(7.228): $\uparrow$: $-G_{V1} + G_{V2} - q_0\,b = 0 \quad \Rightarrow \quad G_{V1} = -\frac{2}{3}F.$

Die Gleichgewichtsbedingungen am Teilsystem I lauten

(7.229): A $\curvearrowleft$

$$2F\frac{3}{2}a - B\,3a - G_{V1}\,4a + q_0\,a\frac{7}{2}a = 0 \quad \Rightarrow \quad B = \frac{31}{9}F,$$

(7.230): $\uparrow$: $A_V = 2F + q_0\,a - B - G_{V1} = \frac{5}{9}F$

Die Gleichgewichtsbedingungen am Teilsystem III lauten

(7.231): C $\curvearrowleft$

$$G_{V2}\,a - \frac{3}{2}F\,a - \frac{5}{2}F\,a + D\,4a + q_0\,a\frac{1}{2}a = 0 \quad \Rightarrow \quad D = \frac{2}{3}F,$$

(7.232): $\uparrow$: $-G_{V2} + C - 2F + D - q_0\,a = 0 \quad \Rightarrow \quad C = \frac{10}{3}F.$

Mit Hilfe einer noch nicht verwendeten Gleichgewichtsbedingung werden die Ergebnisse kontrolliert

(7.233): $\uparrow$: $A_V + B + C + D = 2F + q_0\,3a + 2F,$

$$(7.234):\quad \frac{5}{9}F+\frac{31}{9}F+\frac{10}{3}F+\frac{2}{3}F=8\,F.$$

Die Kontrolle bestätigt die Berechnung.

Die Schnittkraftverläufe (Bild 7.83) werden durch bereichsweises Schneiden bestimmt.

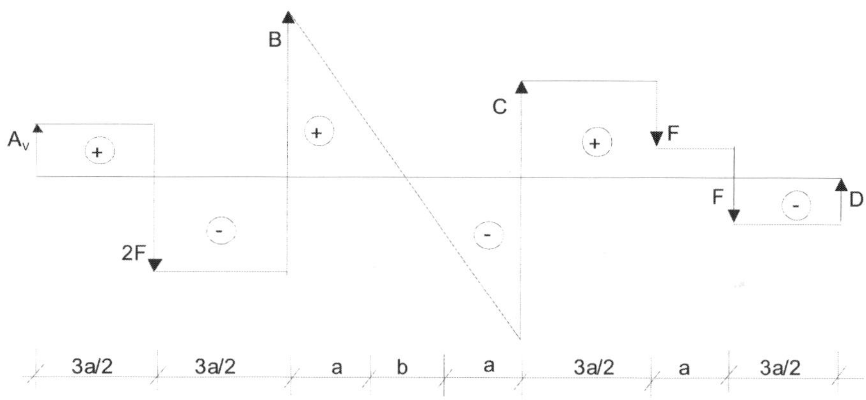

Bild 7.83a Querkraftverlauf

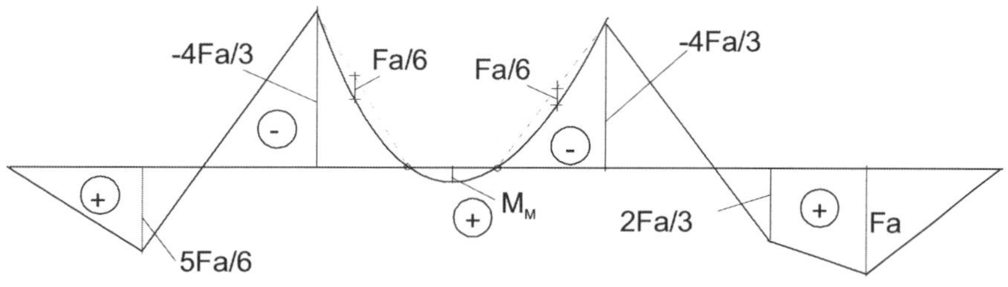

Bild 7.83b Momentenverlauf

AUFGABE 7.15

- Bestimmung des Normalkraft-, Querkraft- und Momentenverlaufs eines Rahmens durch bereichsweises Schneiden
- Erstellung des Momentenverlaufs aus den Zusammenhängen der Tabellen 7.2 und 7.4
- Belastung ist keine kontinuierliche Funktion
- Einzellasten greifen am Rahmen an
- Berechnung der Auflagerkräfte aus den Gleichgewichtsbedingungen
- Konstruktion mit "eingehängter Parabel mit Parabelstich"
- Geschweißte Ecken mit drei angreifenden Rahmenteilen

Der Rahmen ist durch Einzellasten und Gleichstreckenlasten wie skizziert belastet (Bild 7.84).

gegeben: a, F, $F_1 = 2\,F_2 = F$, $q_0 = \frac{F}{a}$, $q_1 = \frac{F}{2a}$

gesucht: Bestimmung der Normal-, Querkraft- und Momentenverläufe und der Auflagerkräfte

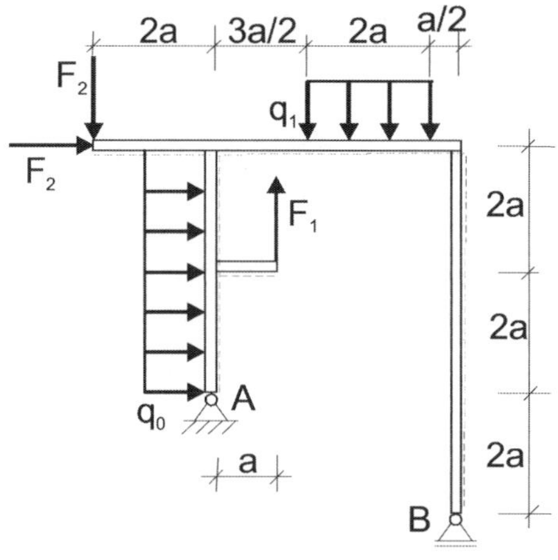

Bild 7.84 Rahmen mit Einzellasten und Gleichstreckenlasten

LÖSUNG

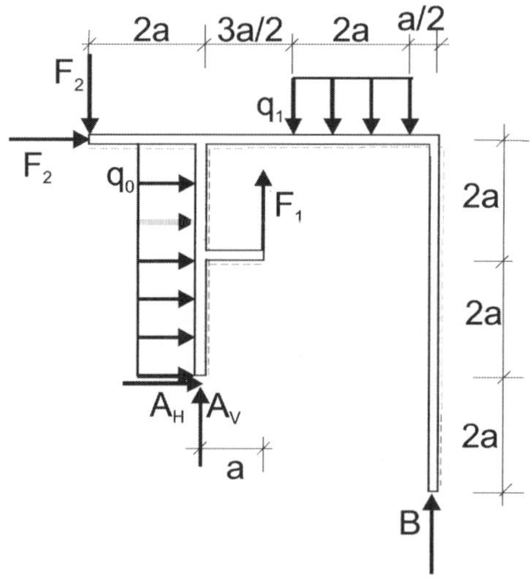

Bild 7.85 Schnittbild

Die Auflagerkräfte durch die Gleichgewichtsbedingungen am Gesamtsystem berechnet

$$(7.239): \quad A_H = -A_V = -\frac{17}{8}F, B = \frac{21}{8}F, A_H = -\frac{9}{2}F.$$

Die Schnittkraftverläufe werden durch bereichsweises Schneiden ermittelt.

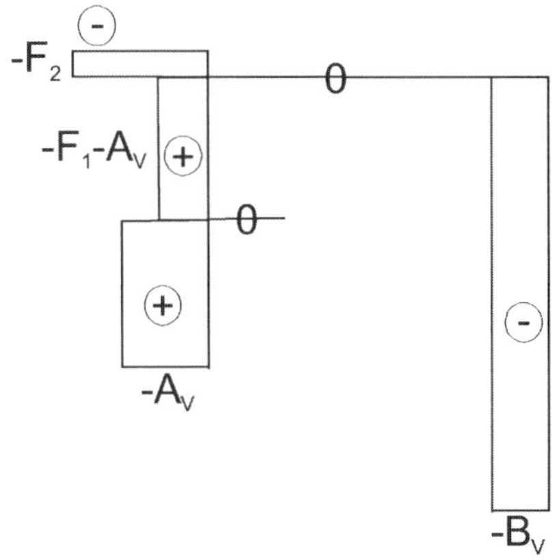

Bild 7.86a Normalkraftverlauf

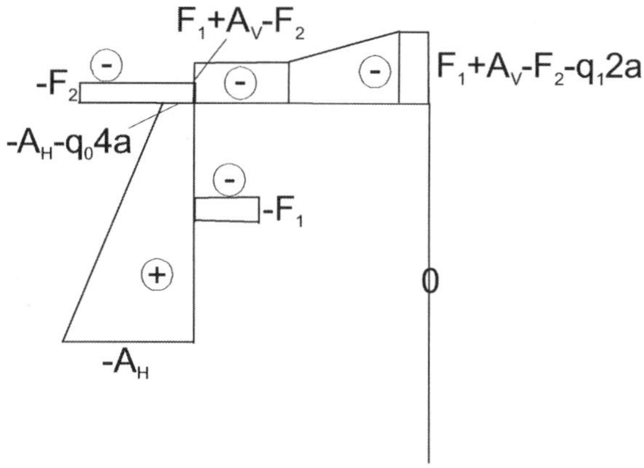

Bild 7.86b Querkraftverlauf

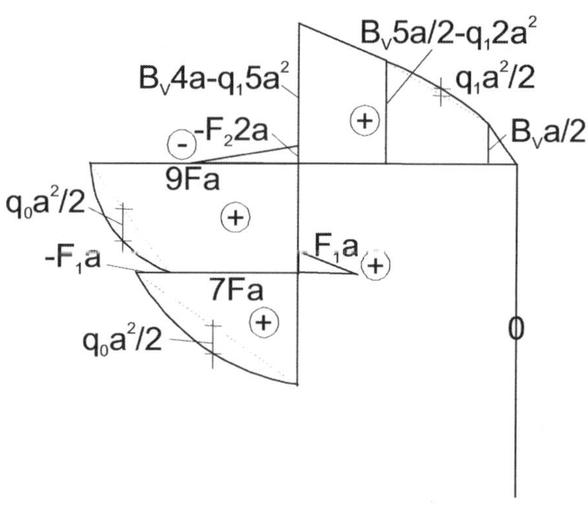

Bild 7.86c Momentenverlauf

AUFGABE 7.16

- Bestimmung des Normalkraft-, Querkraft- und Momentenverlaufs eines Rahmens durch bereichsweises Schneiden
- Erstellung des Momentenverlaufs aus den Zusammenhängen der Tabellen 7.2 und 7.4
- Belastung ist eine kontinuierliche Funktion über zwei Bereiche
- Berechnung der Auflagerkräfte aus den Gleichgewichtsbedingungen
- Konstruktion mit "eingehängter Parabel mit Parabelstich"
- Geschweißte Ecke mit drei angreifenden Rahmenteilen

Auf einem Tankstellendach (Bild 7.87) liegt eine Schneedecke (Gesamtgewicht G). Das Dach überträgt die Schneelast als Gleichstreckenlast q (kN/ m) auf ein Ständerpaar (Höhe h, Trägerlänge l = h).

gegeben: $q = \frac{G}{2\,l}$, h, l = h

gesucht: Bestimmung der Normal-, Querkraft- und Momentenverläufe und der Auflagerkräfte

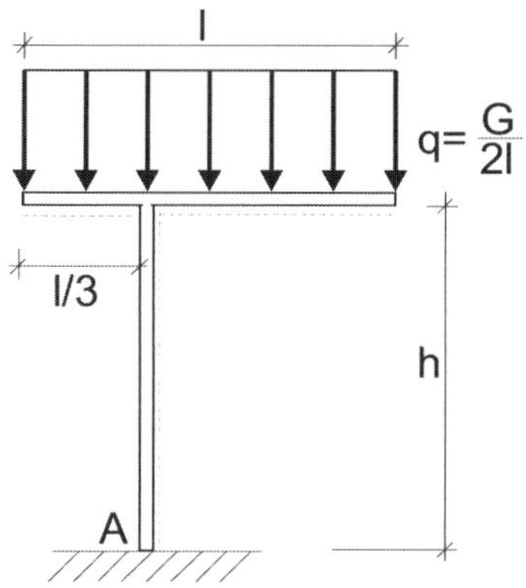

Bild 7.87 Tankstellendach mit Schneedecke

LÖSUNG

Die Auflagerkräfte werden durch die Gleichgewichtsbedingungen ermittelt

$$(7.240):\quad A_H = 0, A_V = q\,l = \frac{G}{2}, M_A = -\frac{1}{6}q\,l^2 = -\frac{1}{12}G\,l.$$

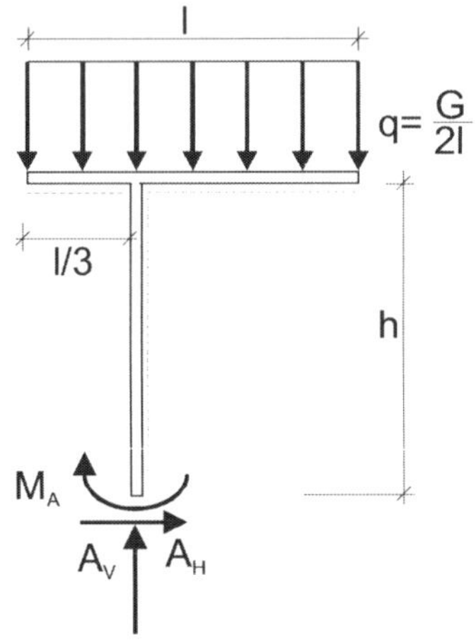

Bild 7.88 Schnittbild

Die Schnittkraftverläufe werden durch bereichsweises Schneiden bestimmt.

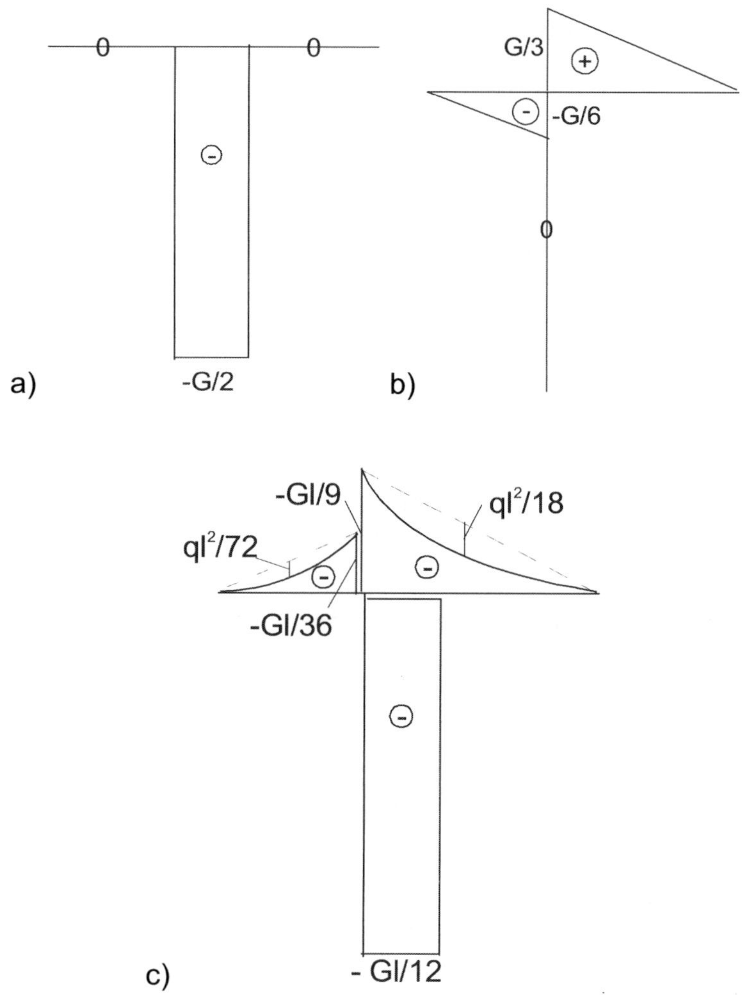

Bild 7.89 a) Normalkraftverlauf; b) Querkraftverlauf; c) Momentenverlauf

AUFGABE 7.17

- Bestimmung des Normalkraft-, Querkraft- und Momentenverlaufs eines Rahmens durch bereichsweises Schneiden
- Erstellung des Momentenverlaufs aus den Zusammenhängen der Tabellen 7.2 und 7.4
- Belastung ist keine kontinuierliche Funktion
- Einzellasten greifen am Rahmen an
- Berechnung der Auflagerkräfte aus den Gleichgewichtsbedingungen

Der Rahmen ist durch zwei Einzellasten wie skizziert belastet (Bild 7.90).

gegeben: a, F

gesucht: Bestimmung der Normal-, Querkraft- und Momentenverläufe und der Auflagerkräfte

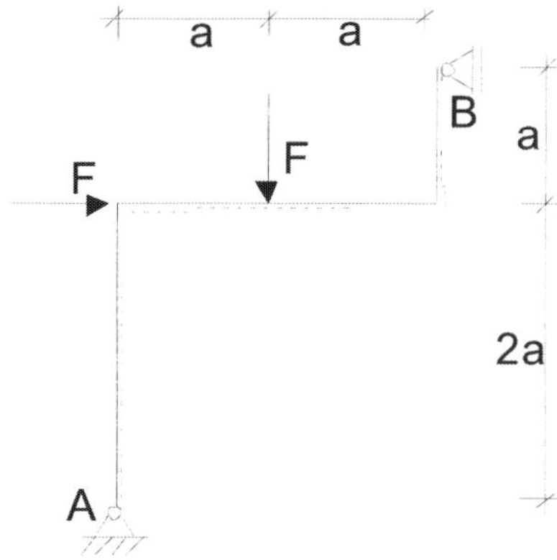

Bild 7.90 Rahmen mit zwei Einzellasten

LÖSUNG

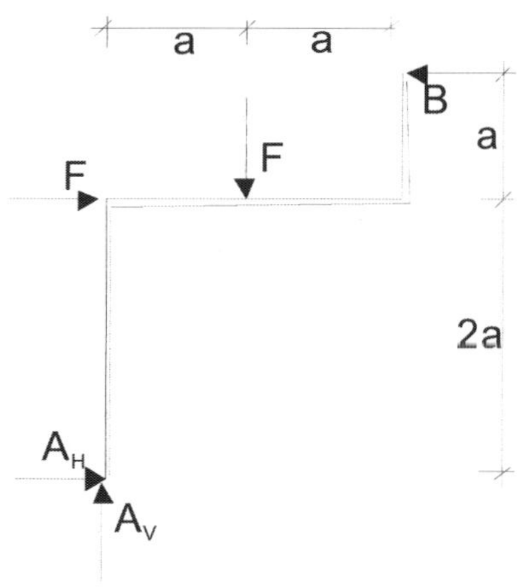

Bild 7.91 Schnittbild

Die Auflagerkräfte werden durch die Gleichgewichtsbedingungen ermittelt

$$(7.241):\quad \uparrow:\quad A_V = F,$$

$$(7.242):\quad A \curvearrowleft\quad F\,2a + F\,a = B\,3a \quad\Rightarrow\quad B = F,$$

$$(7.243):\quad B \curvearrowleft\quad A_V\,2a - A_H\,3a - F\,a - F\,a = 0 \quad\Rightarrow\quad A_H = 0.$$

Die Schnittkraftverläufe werden durch bereichsweises Schneiden berechnet.

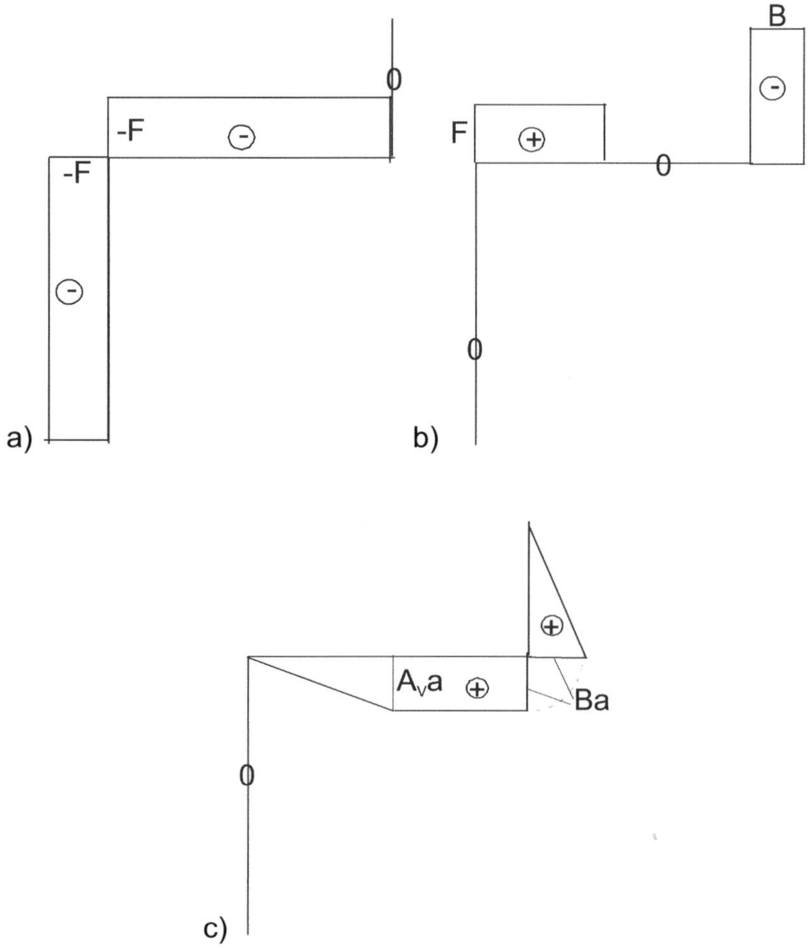

Bild 7.92 a) Normalkraftverlauf; b) Querkraftverlauf; c) Momentenverlauf

AUFGABE 7.18

- Bestimmung des Querkraft- und Momentenverlaufs eines Rahmens durch bereichsweises Schneiden

- Erstellung des Momentenverlaufs aus den Zusammenhängen der Tabellen 7.2 und 7.4
- Belastung ist keine kontinuierliche Funktion
- Einzellast greift am Rahmen an
- Berechnung der Auflagerkräfte aus den Gleichgewichtsbedingungen
- Konstruktion mit "eingehängter Parabel mit Parabelstich"

Der Rahmen ist durch eine Einzellast F und eine Gleichstreckenlast q wie skizziert belastet (Bild 7.93).

gegeben: a, F

gesucht: Bestimmung der Querkraft- und Momentenverläufe und der Auflagerkräfte

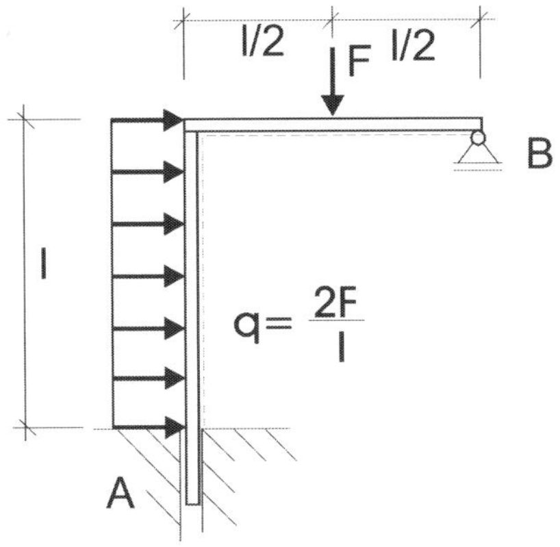

Bild 7.93 Rahmen mit Einzellast F und Gleichstreckenlast q

LÖSUNG

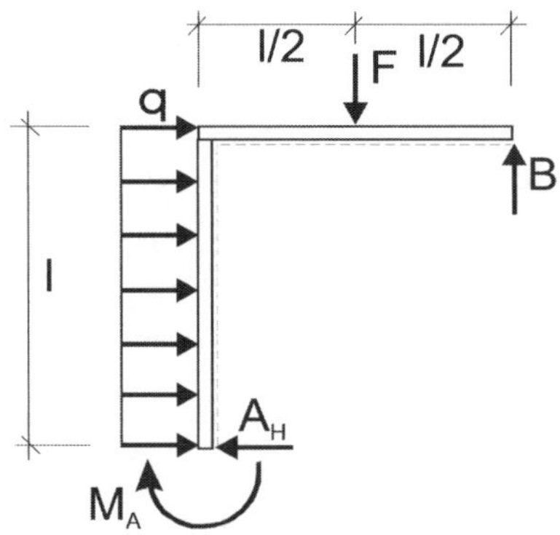

Bild 7.94 Schnittbild

Die Auflagerkräfte ergeben sich aus den Gleichgewichtsbedingungen

(7.244): $\rightarrow$: $A_H = q\,l = 2F,$

(7.245): $\uparrow$: $B = \Gamma,$

(7.246): $A \circlearrowleft$ $M_A = -q\frac{l^2}{2} - F\frac{l}{2} + F\,l = -F\frac{l}{2}.$

Die Schnittkraftverläufe werden durch bereichsweises Schneiden ermittelt.

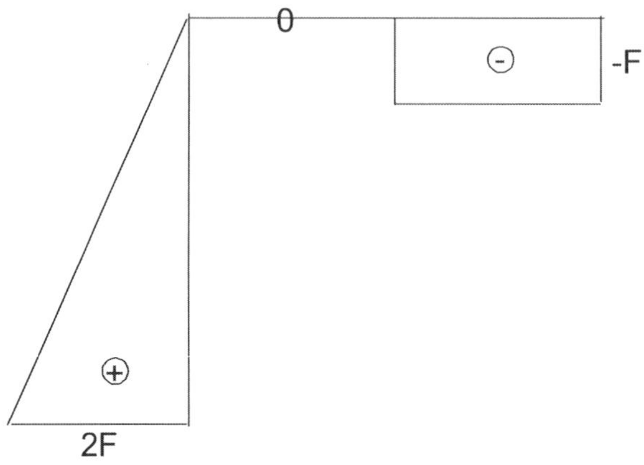

Bild 7.95a Querkraftverlauf

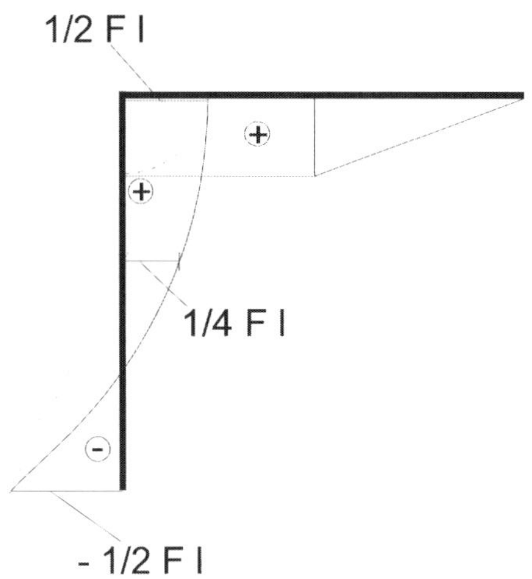

Bild 7.95b Momentenverlauf mit dem Parabelstich $q\,\frac{l^2}{8} = \frac{1}{4}\,F\,l$

AUFGABE 7.19

- Bestimmung des Normalkraft-, Querkraft- und Momentenverlaufs eines Rahmens durch bereichsweises Schneiden
- Belastung ist keine kontinuierliche Funktion, Einzellast greift am Rahmen an
- Rahmen wird im alternativen System durch ein Gelenk unterbrochen
- Berechnung eines Dreigelenkbogens
- Berechnung der Auflager- und Gelenkkräfte aus den Gleichgewichtsbedingungen
- Konstruktion mit "eingehängter Parabel mit Parabelstich"
- Geschweißte Ecke mit drei angreifenden Rahmenteilen
- Vergleich zweier ähnlicher Systeme

Der Rahmen ist durch zwei Einzellasten und eine Gleichstreckenlast q_0 wie skizziert belastet (Bild 7.196).

gegeben: a, F, $q_0 = \frac{F}{5a}$

gesucht: Bestimmung der Normal-, Querkraft- und Momentenverläufe, der Auflager- und Gelenkkräfte und der Änderung, wenn in C ein Gelenk und in A ein zweiwertiges Lager ist.

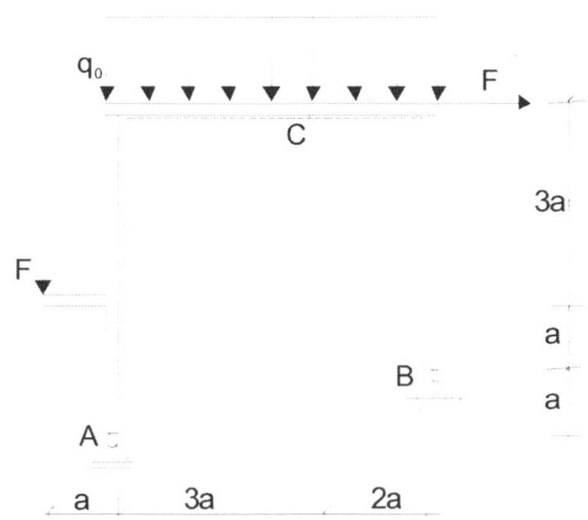

Bild 7.96 Rahmen mit zwei Einzellasten und einer Gleichstreckenlast q_0

LÖSUNG

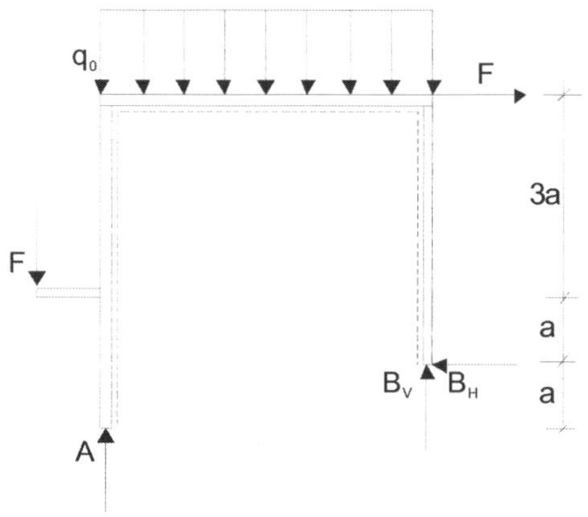

Bild 7.97 Schnittbild

Die Auflagerkräfte werden aus den Gleichgewichtsbedingungen ermittelt

(7.247): $\rightarrow$: $B_H = F$,

(7.248): A ↶

$$F\,a - q_0\,5\,a\,\frac{5}{2}\,a - F\,5\,a + B_H\,a + B_V\,5\,a = 0 \quad \Rightarrow \quad B_V = \frac{11}{10}F,$$

(7.249): B ↶

$$-F\,4a + q_0\,5a\,\frac{5}{2}a + F\,6a - A_V\,5a = 0 \quad \Rightarrow \quad A_V = \frac{9}{10}F.$$

Die Schnittkraftverläufe werden durch bereichsweises Schneiden bestimmt.

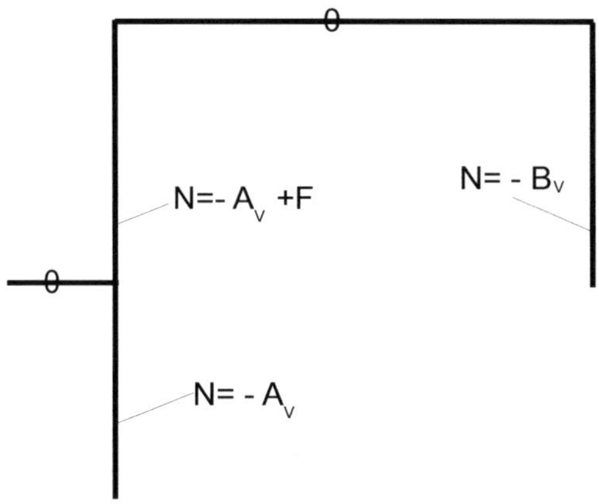

Bild 7.98a Normalkraftverlauf

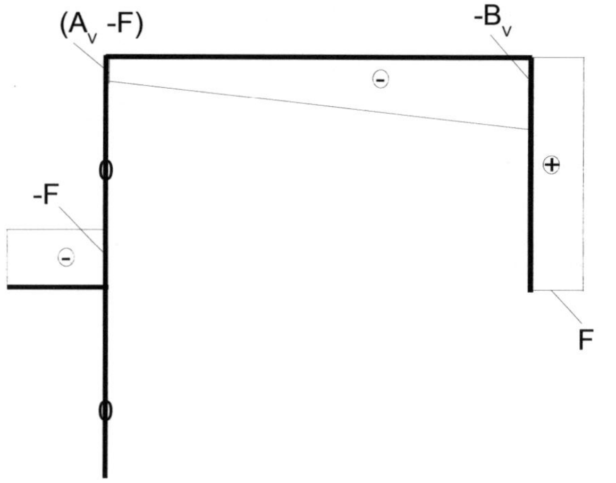

Bild 7.98b Querkraftverlauf

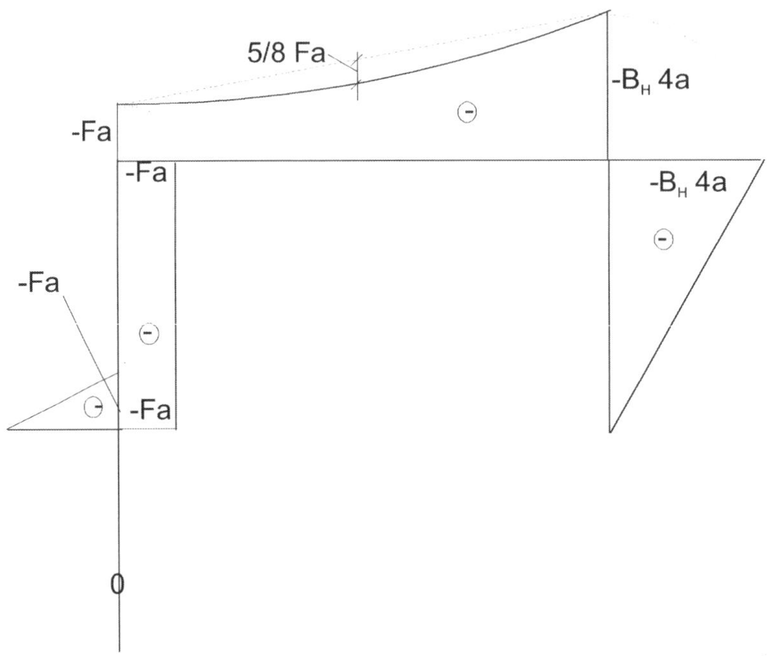

Bild 7.98c Momentenverlauf

Gelenk in C und zweiwertiges Lager in A

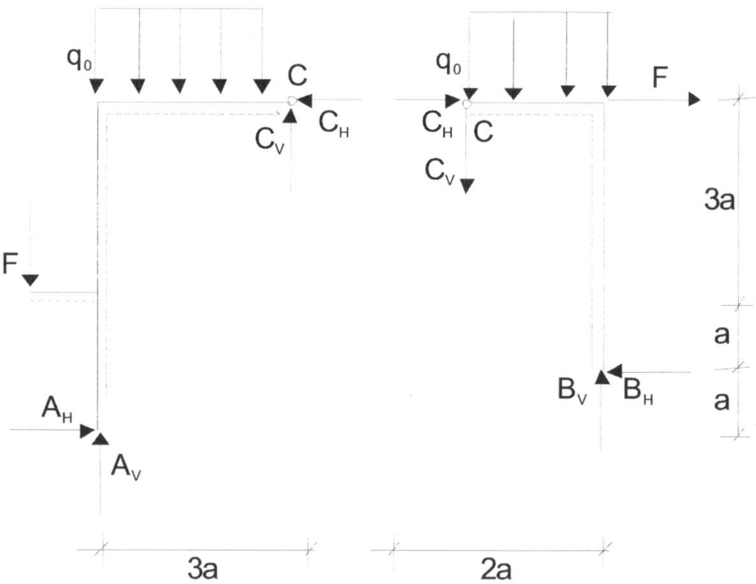

Bild 7.99 Schnittbild

Die Gleichgewichtsbedingung am linken Teilsystem lautet

$$(7.250): \quad C_{l.TS.} \curvearrowleft \quad A_V\,3\,a - A_H\,5\,a - F\,4\,a - q_0\,3\,a\,\frac{3}{2}\,a = 0.$$

Die Gleichgewichtsbedingung am rechten Teilsystem lautet

$$(7.251): \quad C_{r.TS.} \curvearrowleft \quad B_V\,2\,a - B_H\,4\,a - q_0\,2\,a\,a = 0.$$

Die Gleichgewichtsbedingungen am Gesamtsystem lauten

$$(7.252): \quad A_{GS} \circlearrowleft \quad B_V\, 5a + B_H\, a - F\, 5a - q_0\, 5a \frac{5}{2} a + F\, a = 0,$$

$$(7.253): \quad B_{GS} \circlearrowleft \quad A_V\, 5a - A_H\, a - F\, 6a - q_0 \frac{25}{2} a^2 + F\, 4a = 0,$$

$$(7.254): \quad A_H = -\frac{1}{2}F, A_V = \frac{4}{5}F, B_H = \frac{1}{2}F, B_V = \frac{6}{5}F.$$

Die Schnittkraftverläufe werden durch bereichsweises Schneiden ermittelt.

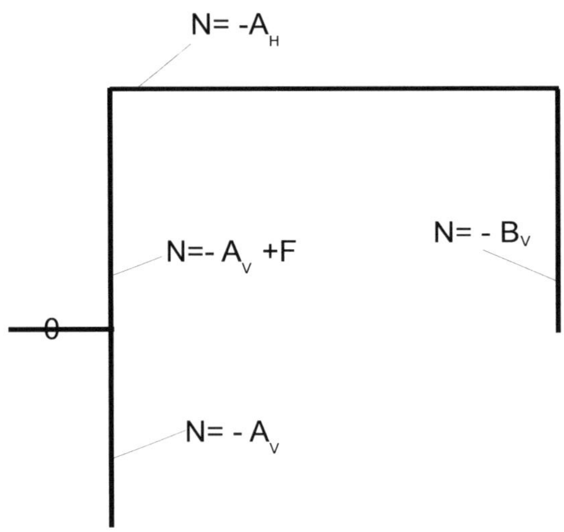

Bild 7.100a Normalkraftverlauf

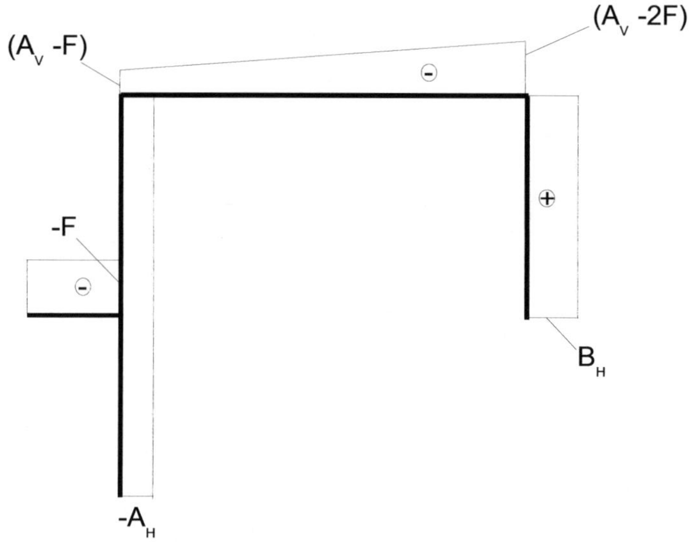

Bild 7.100b) Querkraftverlauf

c)

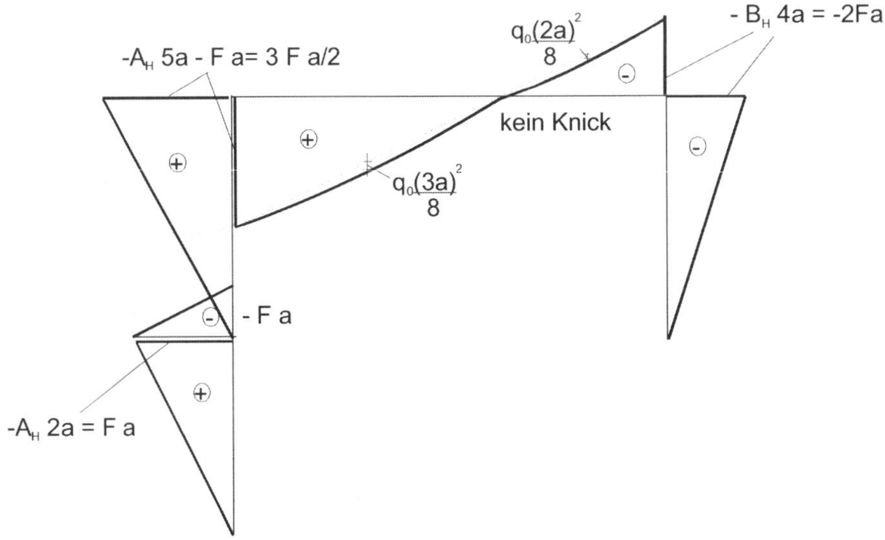

Bild 7.100c Momentenverlauf

AUFGABE 7.20

- Bestimmung des Querkraft- und Momentenverlaufs eines Rahmens durch bereichsweises Schneiden
- Erstellung des Momentenverlaufs aus den Zusammenhängen der Tabellen 7.2 und 7.4
- Belastung ist keine kontinuierliche Funktion
- Rahmen wird durch ein Gelenk unterbrochen

- Einzellast greift am Rahmen an
- Berechnung der Auflager- und Gelenkkräfte aus den Gleichgewichtsbedingungen
- Geschweißte Ecke mit drei angreifenden Rahmenteilen

Der Rahmen ist durch eine Einzellast F wie skizziert belastet (Bild 7.101).

gegeben: a, F

gesucht: Bestimmung der Querkraft- und Momentenverläufe und der Auflager- und Gelenkkräfte

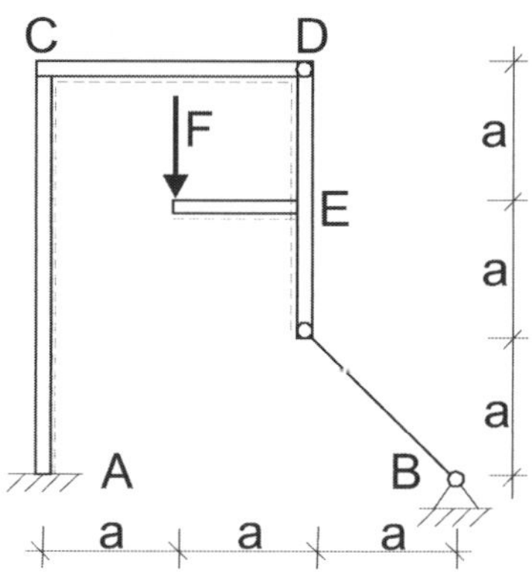

Bild 7.101 Rahmen mit einer Einzellast F

LÖSUNG

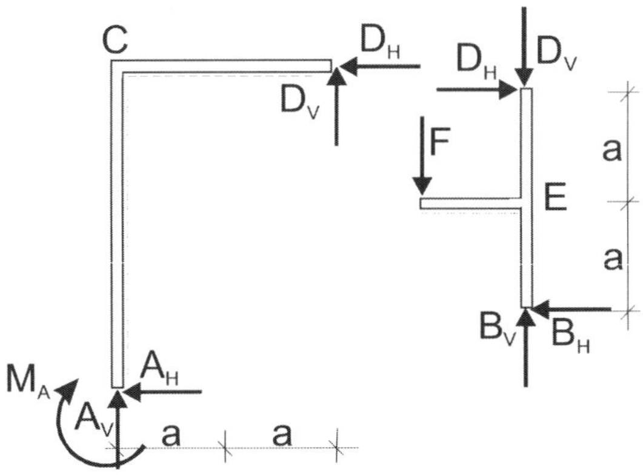

Bild 7.102 Schnittbild

Die Auflagerkräfte werden durch die Gleichgewichtsbedingungen bestimmt.

$$(7.255): \quad -A_H = D_H = \frac{F}{2}, A_V = -D_V = \frac{F}{2}, M_A = F\frac{a}{2}, B = \frac{\sqrt{2}}{2}F.$$

Die Schnittkraftverläufe werden durch bereichsweises Schneiden ermittelt.

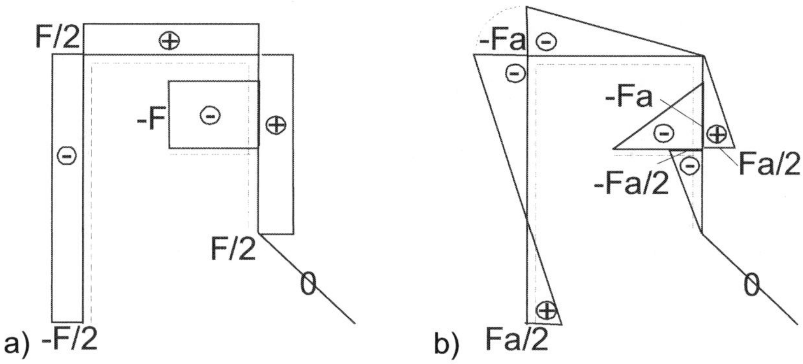

Bild 7.103 a) Querkraftverlauf; b) Momentenverlauf

Die Kontrolle am Hebelangriffspunkt E erfolgt durch das Momentengleichgewicht.

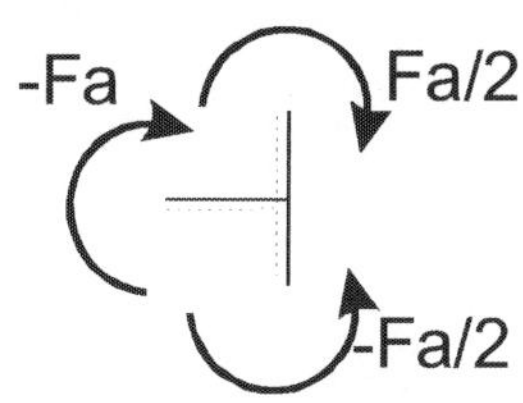

Bild 7.104 Schnittbild an der Rahmenecke in Punkt E

(7.256): $E \circlearrowleft \quad -Fa + F\frac{a}{2} + F\frac{a}{2} = 0.$

AUFGABE 7.21

- Bestimmung des Normalkraft-, Querkraft- und Momentenverlaufs eines Trägersystems durch bereichsweises Schneiden
- Erstellung des Momentenverlaufs aus den Zusammenhängen der Tabellen 7.2 und 7.4
- Schneiden von Rollen auf dem Träger
- Schneiden von Seilkräften
- Belastung ist keine kontinuierliche Funktion
- Rahmen wird durch Gelenke unterbrochen
- Einzellast greift am Rahmen an
- Berechnung der Auflager-, Seil- und Gelenkkräfte aus den Gleichgewichtsbedingungen

Ein Trägersystem ist über ein Seil, das über eine Rolle geschlungen ist, durch das Gewicht G wie skizziert belastet (Bild 7.105).

gegeben: a, r, G

gesucht: Bestimmung der Normal-, Querkraft- und Momentenverläufe und der Auflager-, Seil- und Gelenkkräfte

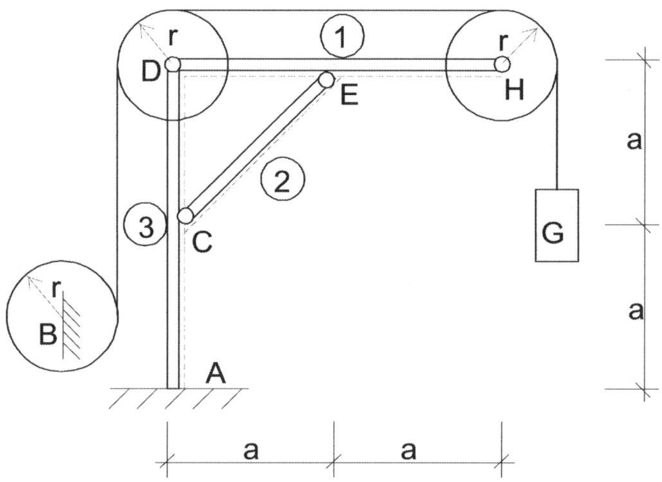

Bild 7.105 Trägersystem mit dem Gewicht G

LÖSUNG

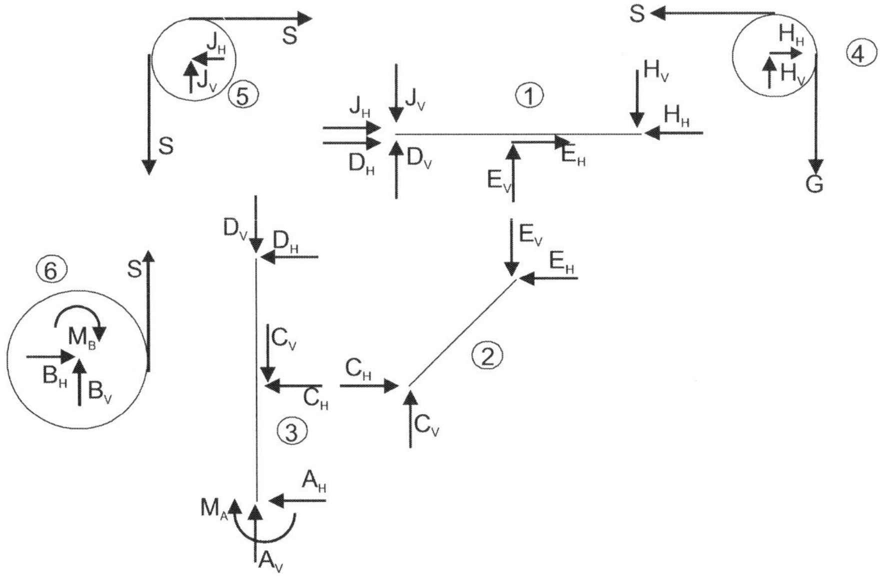

Bild 7.106 Schnittbild

Die Gleichgewichtsbedingungen am Teilsystem 4 lauten

(7.257): $\uparrow$: $-G + H_V = 0 \quad \Rightarrow \quad H_V = G,$

(7.258): $\rightarrow$: $-S + H_H = 0 \quad \Rightarrow \quad H_H = S = G,$

(7.259): H ↶ $-Gr + Dr = 0 \quad \Rightarrow \quad S = G.$

Die Gleichgewichtsbedingungen am Teilsystem 5 lauten

$$(7.260): \quad \rightarrow: \quad S - J_H = 0 \quad \Rightarrow \quad J_H = S = G,$$

$$(7.261): \quad \uparrow: \quad -S + J_V = 0 \quad \Rightarrow \quad J_V = G.$$

Die Gleichgewichtsbedingungen am Teilsystem 6 lauten

$$(7.262): \quad B \circlearrowleft \quad -M_B + S\,r = 0 \quad \Rightarrow \quad M_B = S\,r = G\,r,$$

$$(7.263): \quad \uparrow: \quad S + B_V = 0 \quad \Rightarrow \quad B_V = G.$$

$$(7.264): \quad \rightarrow: \quad B_H = 0.$$

Die Gleichgewichtsbedingungen am Teilsystem 1 lauten

$$(7.265): \quad D \circlearrowleft \quad -H_V\,2\,a + E_V\,a = 0 \quad \Rightarrow \quad E_V = 2\,G,$$

$$(7.266): \quad \rightarrow: \quad J_H + D_H + E_H - H_H = 0 \quad \Rightarrow \quad D_H = -2\,G,$$

$$(7.267): \quad \uparrow: \quad -J_V + D_V + E_V - H_V = 0 \quad \Rightarrow \quad D_V = 0.$$

Die Gleichgewichtsbedingungen am Teilsystem 2 lauten

$$(7.268):\quad C \curvearrowleft \quad E_H\,a - E_V\,a = 0 \;\Rightarrow\; E_H = E_V = 2\,G,$$

$$(7.269):\quad \rightarrow:\quad -E_H + C_H = 0 \;\Rightarrow\; C_H = 2\,G,$$

$$(7.270):\quad \uparrow:\quad C_V - E_V = 0 \;\Rightarrow\; C_V = 2\,G.$$

Die Gleichgewichtsbedingungen am Teilsystem 3 lauten

$$(7.271):\quad A \curvearrowleft \quad -M_A + C_H\,a + D_H\,2\,a = 0 \;\Rightarrow\; M_A = -2\,G\,a,$$

$$(7.272):\quad \rightarrow:\quad -A_H - C_H - D_H = 0 \;\Rightarrow\; A_H = 0,$$

$$(7.273):\quad \uparrow:\quad -D_V - C_V + A_V = 0 \;\Rightarrow\; A_V = 2\,G.$$

Die Schnittkraftverläufe werden durch bereichsweises Schneiden ermittelt.

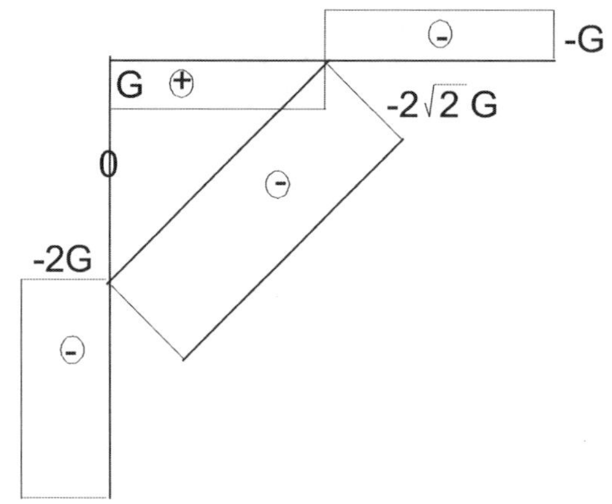

Bild 7.107a Normalkraftverlauf

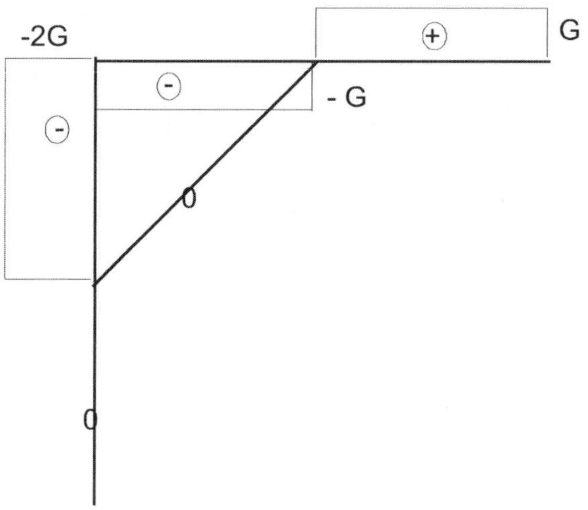

Bild 7.107b Querkraftverlauf

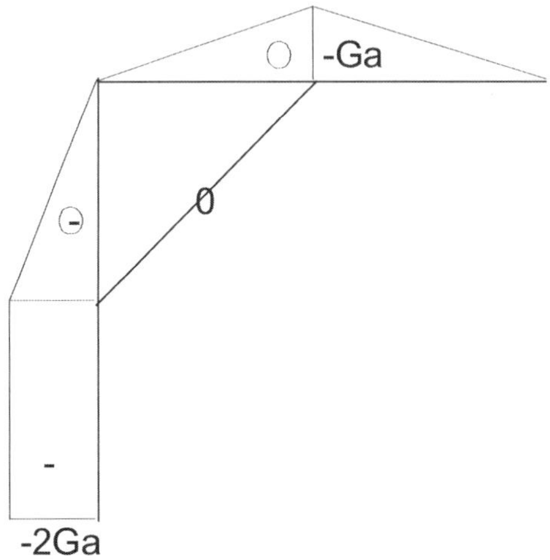

Bild 7.107c Momentenverlauf

AUFGABE 7.22

- Bestimmung des Normalkraft-, Querkraft- und Momentenverlaufs eines Rahmens durch bereichsweises Schneiden
- Erstellung des Momentenverlaufs aus den Zusammenhängen der Tabellen 7.2 und 7.4
- Belastung ist keine kontinuierliche Funktion
- Streckenlast ist linear
- Rahmen wird durch ein Gelenk unterbrochen
- Einzellasten greifen am Rahmen an

- Berechnung der Auflager- und Gelenkkräfte aus den Gleichgewichtsbedingungen

Der Rahmen ist durch Einzellasten und eine Streckenlast wie skizziert belastet (Bild 7.108).

gegeben: a, F, $q_0 = \frac{F}{a}$

gesucht: Bestimmung der Normal-, Querkraft- und Momentenverläufe und der Auflagerkräfte

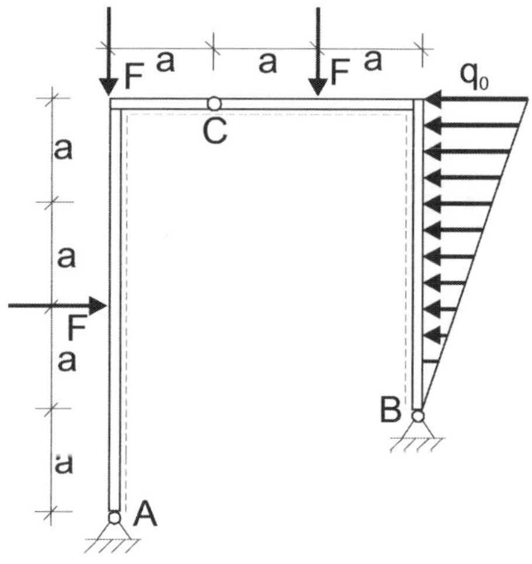

Bild 7.108 Rahmen mit Einzellasten und Streckenlast

LÖSUNG

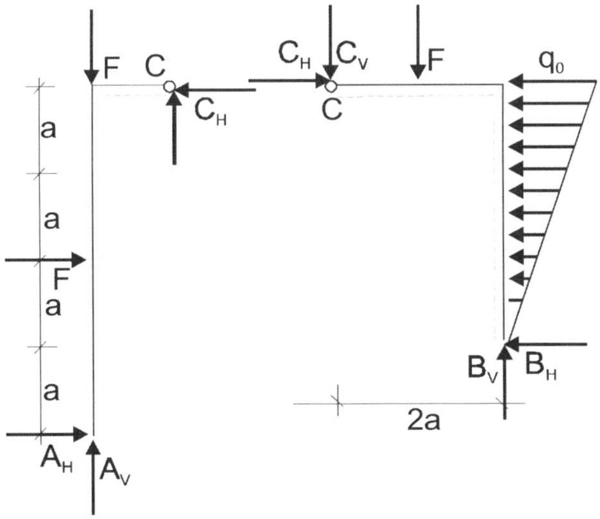

Bild 7.109 Schnittbild

Die Gleichgewichtsbedingung am linken Teilsystem lautet

$$(7.274):\quad C_{links} \curvearrowleft \quad F\,a - A_V\,a + A_H\,4\,a + F\,2\,a = 0.$$

Die Gleichgewichtsbedingung am rechten Teilsystem lautet

$$(7.275):\quad C_{rechts} \curvearrowleft \quad F\,a + q_0\,\frac{3}{2}\,a\,a - B_V\,2\,a + B_H\,3\,a = 0.$$

Die Gleichgewichtsbedingungen am Gesamtsystem lauten

(7.276): $A_{Gesamtsystem} \curvearrowleft$

$$B_V\, 3a + B_H\, a - q_0\, 3a \frac{3}{2} a - F\, 2a - F\, 2a = 0,$$

(7.277): $B_{Gesamtsystem} \curvearrowleft$

$$A_V\, 3a - A_H\, a + F\, a - q_0 \frac{3}{2} a\, 2a - F\, 3a - F\, a = 0,$$

$$(7.278): \quad A_H = -\frac{3}{11} F, A_V = \frac{21}{11} F, B_H = -\frac{17}{22} F, B_V = \frac{1}{11} F.$$

Die Kontrolle erfolgt an noch nicht verwendeten Gleichgewichtsbedingungen.

$$(7.279): \quad \uparrow: \quad A_V + B_V - 2F = 0,$$

$$(7.280): \quad \rightarrow: \quad A_H + F - B_H - q_0 \frac{3}{2} a = 0.$$

Die Kontrolle bestätigt das Ergebnis.

Die Schnittkraftverläufe werden durch bereichsweises Schneiden ermittelt.

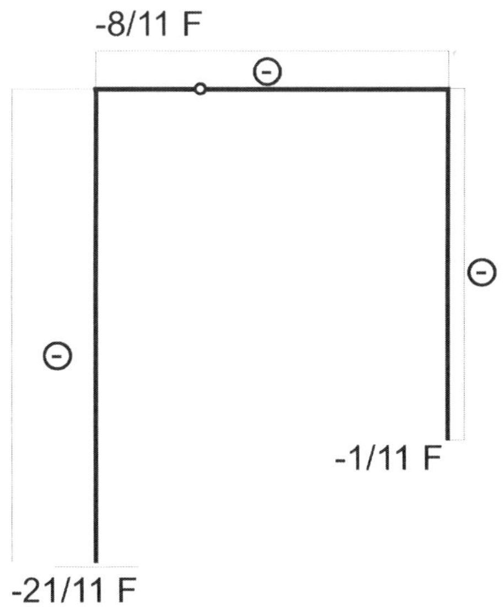

Bild 7.110a Normalkraftverlauf

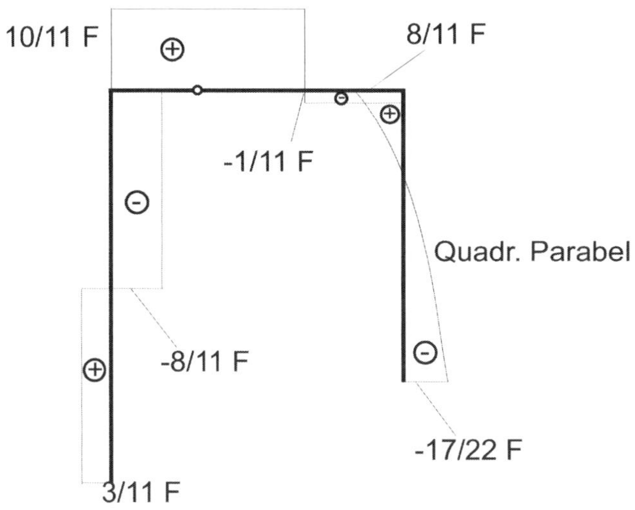

Bild 7.110b Querkraftverlauf

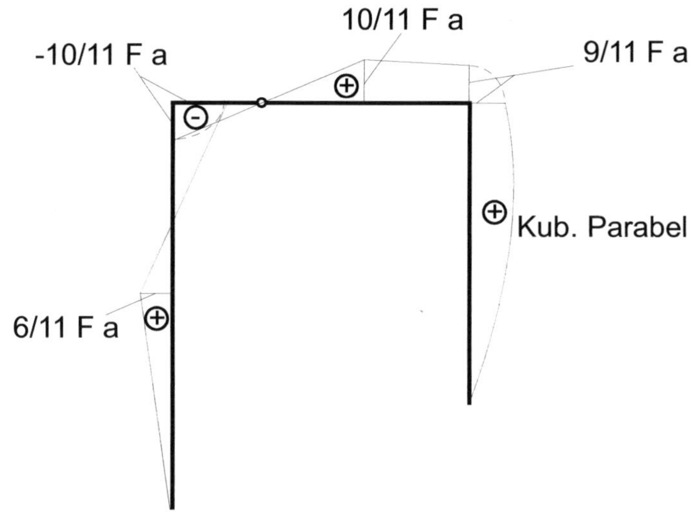

Bild 7.110c Momentenverlauf

AUFGABE 7.23

- Bestimmung des Normalkraft-, Querkraft- und Momentenverlaufs eines Rahmens durch bereichsweises Schneiden
- Erstellung des Momentenverlaufs aus den Zusammenhängen der Tabellen 7.2 und 7.4
- Belastung ist keine kontinuierliche Funktion
- Rahmen wird durch ein Gelenk unterbrochen
- Einzellast greift am Rahmen an
- Berechnung der Auflager- und Gelenkkräfte aus den Gleichgewichtsbedingungen

- Konstruktion mit "eingehängter Parabel mit Parabelstich"

Der Rahmen ist durch eine Einzellast F und eine Gleichstreckenlast q_0 wie skizziert belastet (Bild 7.111).

gegeben: a, F, $q_0 = \frac{F}{a}$

gesucht: Bestimmung der Normal-, Querkraft- und Momentenverläufe und der Auflager- und Gelenkkräfte

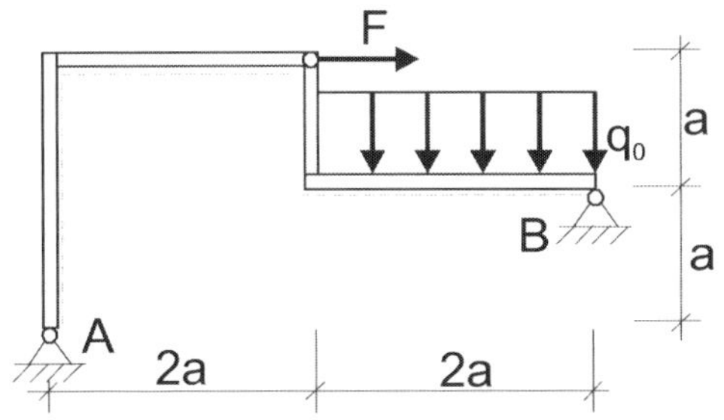

Bild 7.111 Rahmen mit Einzellast F und Gleichstreckenlast q_0

LÖSUNG

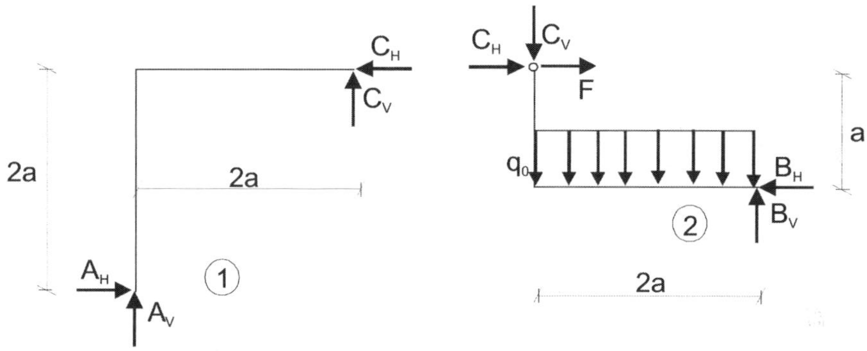

Bild 7.112 Schnittbild

Die Gleichgewichtsbedingungen am Teilsystem 1 lauten

(7.281): $C \curvearrowleft \quad A_V\, 2a = A_H\, 2a,$

(7.282): $\rightarrow: \quad A_H = C_H,$

(7.283): $\uparrow: \quad A_V = -C_V \quad \Rightarrow \quad C_H = -C_V.$

Die Gleichgewichtsbedingungen am Teilsystem 2 lauten

(7.284): $C \curvearrowleft \quad B_V\, 2a - q_0\, 2a\, a - B_H\, a = 0,$

(7.285): $B \curvearrowleft \quad C_H\,a - C_V\,2a + F\,a - q_0\,2a\,a = 0.$

Daraus folgt

(7.286): $C_V = -\frac{1}{3}F, C_H = \frac{1}{3}F, A_H = \frac{1}{3}F, A_V = \frac{1}{3}F,$

$B_H = \frac{4}{3}F, B_V = \frac{5}{3}F.$

Die Schnittkraftverläufe werden durch bereichsweises Schneiden ermittelt.

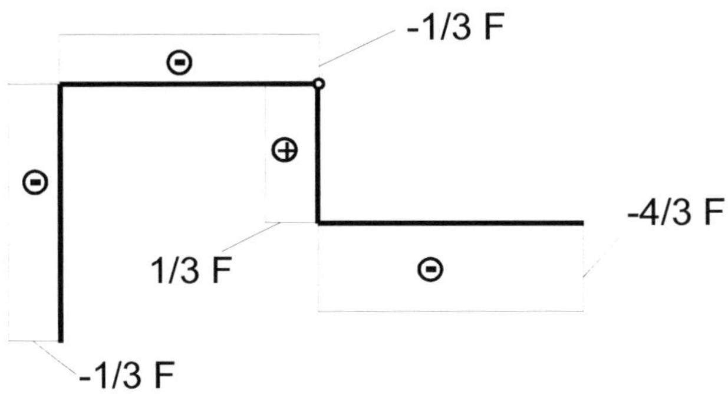

Bild 7.113a Normalkraftverlauf

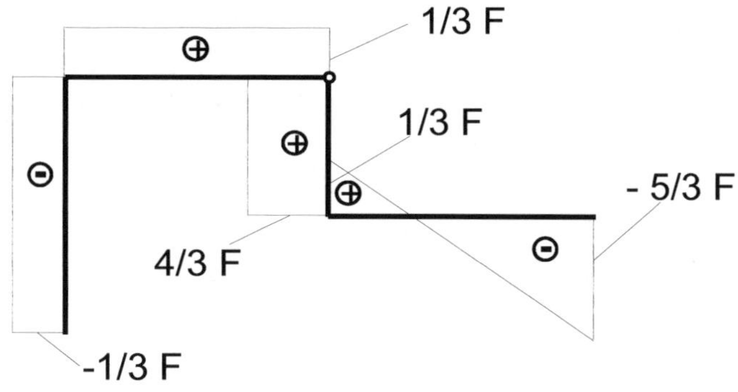

Bild 7.113b Querkraftverlauf

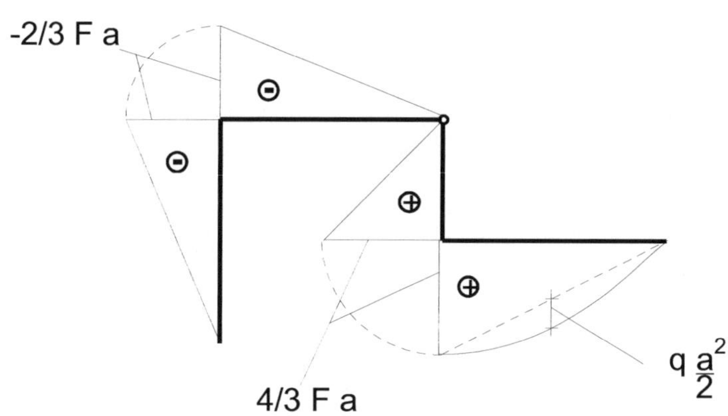

Bild 7.113c Momentenverlauf

AUFGABE 7.24

- Bestimmung des Querkraft- und Momentenverlaufs eines Rahmens durch bereichsweises Schneiden
- Erstellung des Momentenverlaufs aus den Zusammenhängen der Tabellen 7.2 und 7.4

- Belastung ist keine kontinuierliche Funktion
- Rahmen wird durch ein Gelenk unterbrochen
- Einzellasten greifen am Rahmen an
- Berechnung der Auflager- und Gelenkkräfte aus den Gleichgewichtsbedingungen

Der Rahmen ist durch zwei Einzellasten F wie skizziert belastet (Bild 7.114). In C sind die Rahmenteile gelenkig miteinander verbunden, in A ist er verschieblich gelagert, in B fest eingespannt.

gegeben: a, F

gesucht: Bestimmung der Querkraft- und Momentenverläufe und der Auflager- und Gelenkkräfte

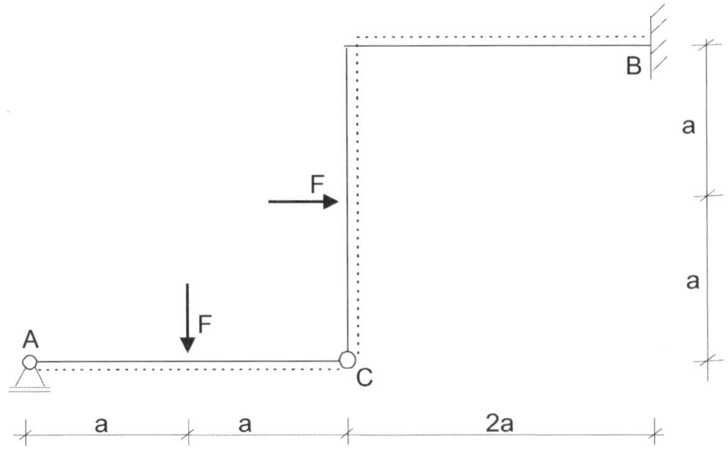

Bild 7.114 Rahmen mit zwei Einzellasten F

LÖSUNG

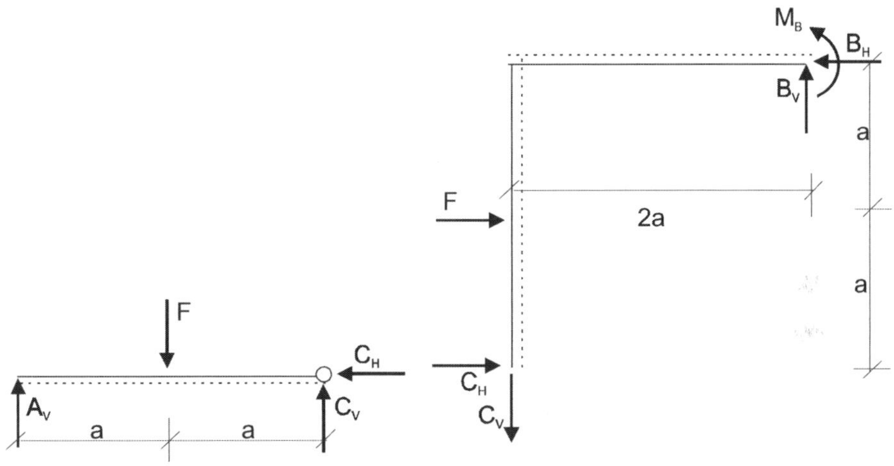

Bild 7.115 Schnittbild

Die Auflagerkräfte werden durch die Gleichgewichtsbedingungen bestimmt

$$(7.287): \quad C_H = 0, M_B = -2Fa, A_V = C_V = B_V = \frac{F}{2}, B_H = F.$$

Die Schnittkraftverläufe werden durch bereichsweises Schneiden ermittelt.

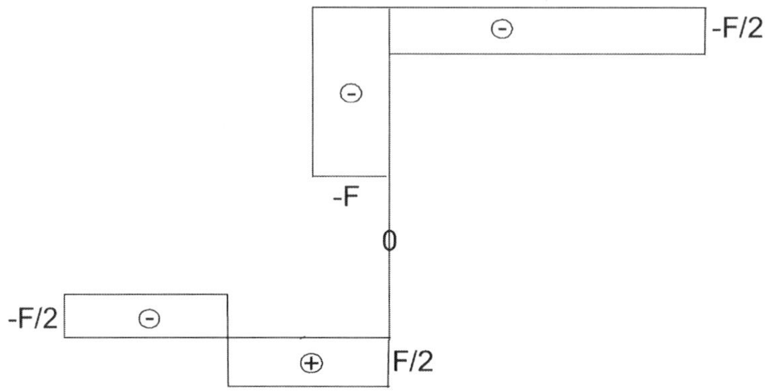

Bild 7.116a Querkraftverlauf

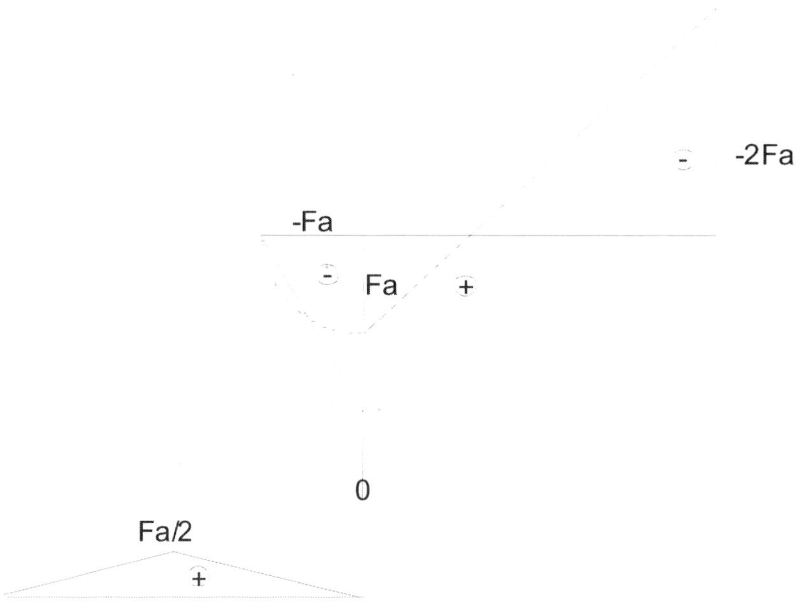

Bild 7.116b Momentenverlauf

AUFGABEN ZU KAPITEL 8: DER ARBEITSBEGRIFF IN DER STATIK

AUFGABE 8.1

- Sichtbarmachen der gesuchten Kräfte durch Schneiden
- Bestimmung der Kräfte durch Untersuchung der statischen Gleichgewichtslage

Ein zusammengesetztes System besteht aus zwei Balken, die mit zwei Stäben miteinander verbunden sind. Sie werden durch Gleichstreckenlasten q_1 und 2 q_1 belastet.

gegeben: a, q_1

gesucht: Bestimmung der Stabkräfte S_1, S_2 und des Moments in B M_B

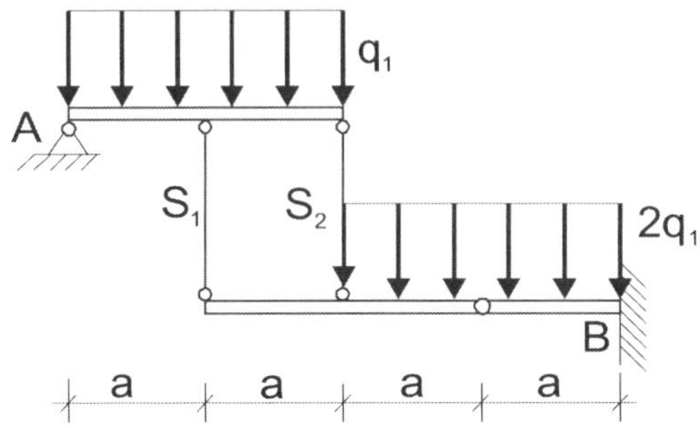

Bild 8.11 Zusammengesetztes System mit Gleichstreckenlasten

LÖSUNG

Durch Aufschneiden des Stabes und Anbringen der Stabkraft S_2 wie eine äußere Belastung wird das System kinematisch gemacht. Dann wird das System um die virtuelle Verschiebung δf_2 so ausgelenkt, dass die kinematischen Bedingungen erhalten bleiben.

Unter der Voraussetzung, dass die Stabkraft immer so bestimmt wird, dass das System im Gleichgewicht ist, muss nur die erste Variation zur Bestimmung der Gleichgewichtslage über den Arbeitssatz durchgeführt werden.

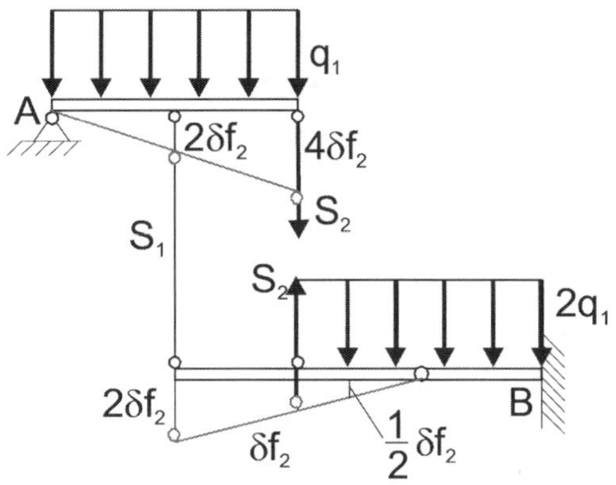

Bild 8.12 Bestimmung von S_2 durch das Anbringen der Stabkraft S_2

Der Arbeitssatz lautet

$$(8.39): \quad \delta W = 0$$
$$= 2\,q_1\,a\,\frac{1}{2}\delta f_2 - S_2\,\delta f_2 + q_1\,2\,a\,2\,\delta f_2 + S_2\,4\,\delta f_2$$
$$= \delta f_2\,(q_1\,a - S_2 + 4q_1\,a + 4\,S_2) = 0.$$

Mit $\delta f_2 \neq 0$ folgt dic Stabkraft

$$(8.40): \quad S_2 = -\frac{5}{3}\,q_1\,a.$$

Die Auflagerkraft A_V und die Stabkraft S_1 kann jetzt durch den Arbeitssatz wie oben oder Schneiden bestimmt werden.

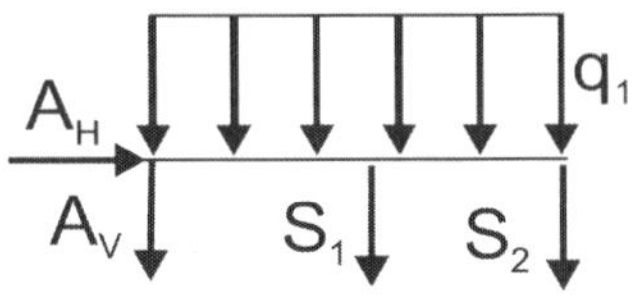

Bild 8.13 Schnittbild des oberen Balkens

Die Gleichgewichtsbedingungen lauten

$$(8.41): \quad A \curvearrowleft \quad S_1\, a + q_1\, 2\, a\, a + S_2\, 2\, a = 0 \quad \Rightarrow \quad S_1 = \frac{4}{3} q_1\, a,$$

$$(8.42): \quad \uparrow: \quad A_V - S_1 - S_2 - q_1\, 2\, a = 0 \quad \Rightarrow \quad A_V = \frac{5}{3} q_1\, a,$$

$$(8.43): \quad \rightarrow: \quad A_H = 0.$$

Die Auflagerkräfte B_H, B_V und M_B werden durch Schneiden bestimmt.

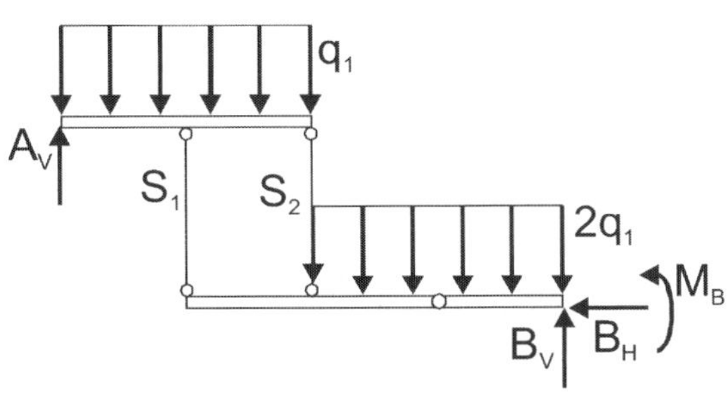

Bild 8.14 Schnittbild des unteren Balkens

Die Gleichgewichtsbedingungen lauten

$$(8.44): \quad \uparrow: \quad A_V + q_1\, 2a - 2q_1\, 2a + B_V = 0$$

$$\Rightarrow \quad B_V = \frac{13}{3} q_1\, a,$$

$$(8.45): \quad \rightarrow: \quad B_H = 0.$$

$$(8.46): \quad B \circlearrowleft \quad M_B + 2q_1\, 2a\, a + 2q_1\, 2a\, 3a - A_V\, 4a = 0$$

$$\Rightarrow \quad M_B = -\frac{10}{3} q_1\, a^2.$$

Die Bestimmung des Momentes M_B erfolgt alternativ mit Hilfe des Arbeitssatzes.

Das Einspannmoment wird durch Anbringen eines Gelenkes in B und eines Moments M_B bestimmt. Wieder wird das System wird kinematisch gemacht, um die virtuellen Verformungen zu zeigen.

Diesmal wird die virtuelle Arbeit von dem Moment M_B und dem Drehwinkel $\frac{3}{a}\delta f_2$ bestimmt.

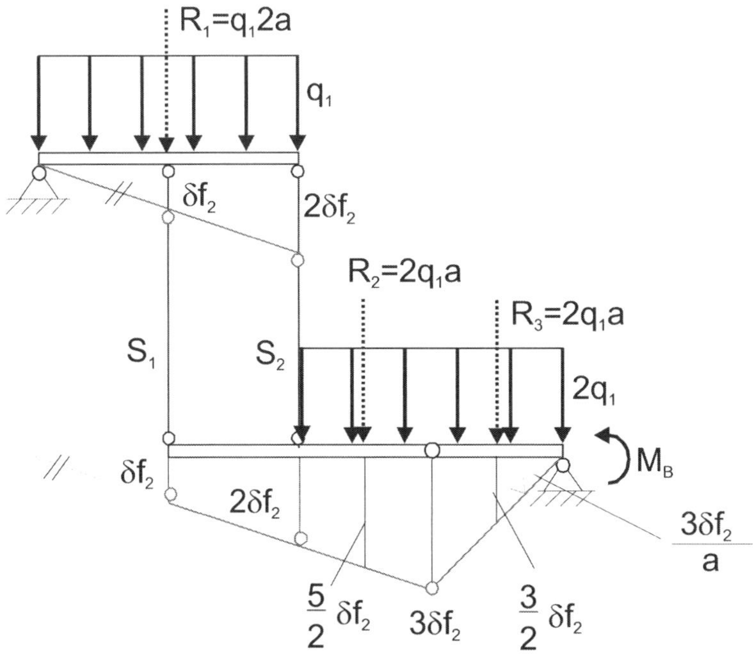

Bild 8.15 Anbringen eines Gelenkes in B und des Momentes M_B

Der Arbeitssatz lautet

$$(8.47): \quad \delta W = R_1\,\delta f_2 + R_2\,\frac{5}{2}\,\delta f_2 + R_3\,\frac{3}{2}\,\delta f_2 + M_B\,\frac{3}{a}\,\delta f_2$$

$$= \delta f_2\,(2\,q_1\,a + 5\,q_1\,a + 3\,q_1\,a + M_B\,\frac{3}{a}) = 0.$$

Zu beachten ist, dass die Resultierenden in den einzelnen Abschnitten getrennt gebildet werden müssen.

Mit $\delta f_2 \neq 0$ folgt das Einspannmoment

(8.48): $M_B = -\frac{10}{3} q_1 a^2.$

Das Ergebnis ist dasselbe wie durch Schneiden.

AUFGABE 8.2

- Bestimmung der Gleichgewichtslage über den Arbeitssatz
- Ermittlung der dazugehörigen Kraft

Eine gewichtslose Stange $\overline{AC}$ ist in A drehbar gelagert und in C gelenkig mit der gewichtslosen Stange $\overline{BC}$ verbunden. An deren Ende sitzt ein Kolben, auf den die Kraft F wirkt. In C greift eine senkrecht zu $\overline{AC}$ gerichtete Kraft Q an.

gegeben: F, r, l

gesucht: Bestimmung der Kraft Q in Abhängigkeit vom Winkel α, für die das System im Gleichgewicht ist

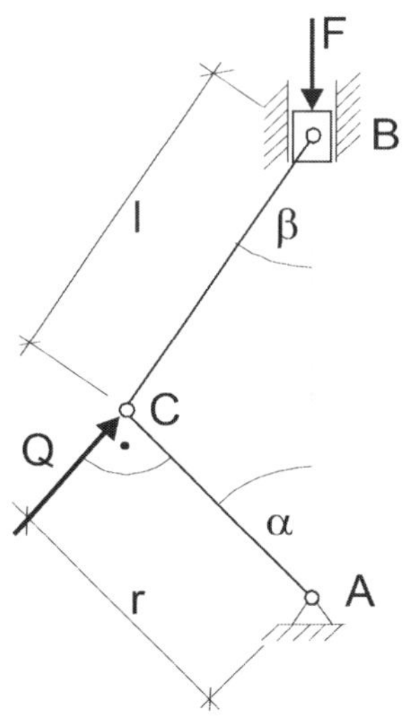

Bild 8.16 Stange mit Kolben und der Kraft F

LÖSUNG

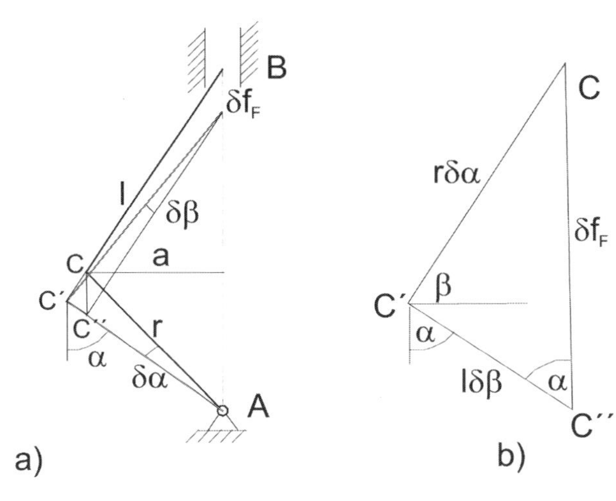

Bild 8.17 Geometrie; a) Gesamtsystem; b) Dreieck C, C´, C´´

Aus der Geometrie (Bild 8.17) ergeben sich die Beziehungen

$$(8.49): \quad \sin\beta = \frac{r}{l}\sin\alpha, a = l\sin\beta = r\sin\alpha$$

und die Abhängigkeit zwischen α und β

$$(8.50): \quad l\,\delta\beta\cos\beta = r\,\delta\alpha\cos\alpha.$$

Die virtuellen Verrückungen ergeben sich zu

$$(8.51): \quad \delta f_Q = r\,\delta\alpha$$

und

$$(8.52): \quad \delta f_F = l\,\delta\beta\sin\beta + r\,\delta\alpha\sin\alpha.$$

Nach der Umformung mit (8.49) ergibt sich

$$(8.53): \quad \cos\beta = \sqrt{1-\sin^2\beta} = \sqrt{1-\frac{r^2}{l^2}\sin^2\alpha} = \frac{1}{l}\sqrt{l^2 - r^2\sin^2\alpha}$$

in (8.52) folgt daraus

$$(8.54):\quad \delta f_F = l\,\delta\beta\,\frac{r}{l}\,\sin\alpha + r\,\delta\alpha\,\sin\alpha.$$

Aus (8.50) folgt dann

$$(8.55):\quad \delta\beta = r\,\frac{\cos\alpha}{\sqrt{l^2 - r^2\cdot\sin^2\alpha}}\,\delta\alpha.$$

In (8.53) eingesetzt ergibt

$$(8.56):\quad \delta f_F = (r^2\,\sin\alpha\,\frac{\cos\alpha}{\sqrt{l^2 - r^2\,\sin^2\alpha}} + r\,\sin\alpha)\,\delta\alpha.$$

Der Arbeitssatz lässt sich nun aufstellen

$$\begin{aligned}(8.57):\quad \delta W &= -F\,\delta f_F + Q\,\delta f_Q \\ &= (-F(r^2\,\sin\alpha\,\frac{\cos\alpha}{\sqrt{l^2 - r^2\,\sin^2\alpha}} + r\,\sin\alpha) + Q\,r)\,\delta\alpha \\ &= (-F\,\sin\alpha\,(\frac{r\cos\alpha}{\sqrt{l^2 - r^2\,\sin^2\alpha}} + 1) + Q)\,\delta\alpha = 0.\end{aligned}$$

Daraus lässt sich mit $\delta\alpha \neq 0$ die gesuchte Kraft Q berechnen

$$(8.58):\quad Q = F\,\sin\alpha\,(\frac{r\cos\alpha}{\sqrt{l^2 - r^2\sin^2\alpha}} + 1).$$

AUFGABE 8.3

- Bestimmung der Gleichgewichtslagen
- Bestimmung der Art der Gleichgewichtslagen

Auf einer Kreisbogenschiene $\overline{CD}$ kann eine Muffe A, an der das Gewicht G hängt, reibungsfrei gleiten. Sie wird durch die Last Q gehalten. Das Halteseil (Seillänge l) läuft bei B reibungsfrei über eine vernachlässigbar kleine Umlenkrolle.

gegeben: G, Q, r, l, a

gesucht: Bestimmung der Gleichgewichtslagen φ der Muffe in Abhängigkeit vom Verhältnis $\frac{Q}{G}$ und die Art dieser Gleichgewichtslagen

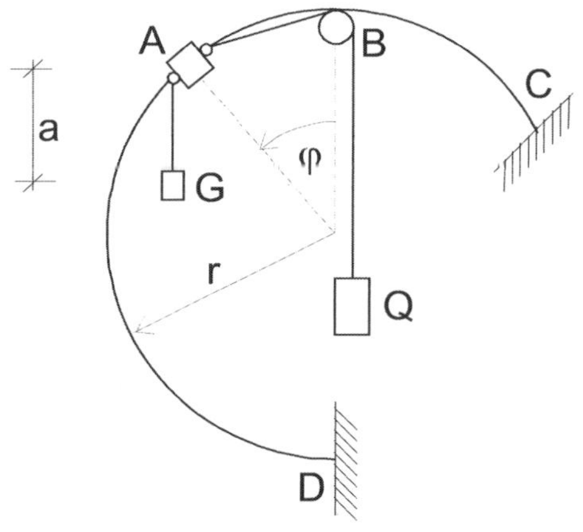

Bild 8.18 Kreisbogenschiene mit der Muffe A und dem Gewicht G und der Last Q

LÖSUNG

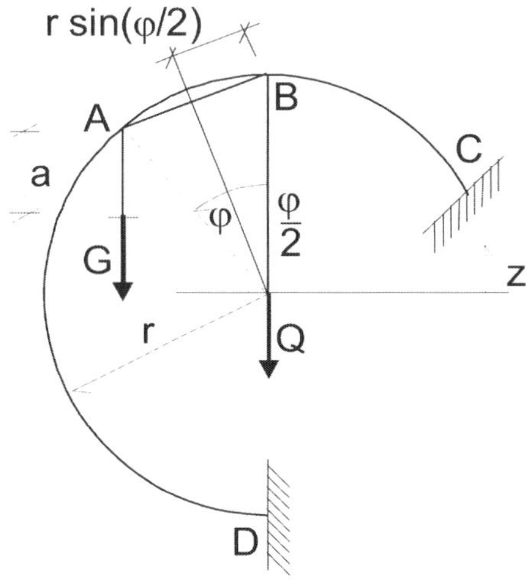

Bild 8.19 Geometrie

Aus der Geometrie (Bild 8.19) ergeben sich die Koordinaten für die beiden Kräfte für die Seillänge l zu

(8.59): $z_G = r\cos\varphi - a, z_Q = -(l - r - 2r\sin\frac{\varphi}{2} - a).$

Die potentielle Energie lässt sich nun berechnen

(8.60): $$\Pi = G\, z_G + Q\, z_Q$$
$$= G(r\cos\varphi - a) - Q(l - r - 2r\sin\frac{\varphi}{2} - a).$$

Die Berechnung der Gleichgewichtslagen erfolgt mit $\sin\varphi = 2\sin\frac{\varphi}{2}\cos\frac{\varphi}{2}$

$$(8.61): \quad \delta\Pi = \frac{d\Pi}{d\varphi}\,\delta\varphi = (-\,G\,r\,\sin\varphi + Q\,2\,r\,\cos\frac{\varphi}{2}\,\frac{1}{2})\,\delta\varphi = 0.$$

Daraus folgt

$$(8.62): \quad -\,G\,r\,2\sin\frac{\varphi}{2}\cos\frac{\varphi}{2} + Q\,r\,\cos\frac{\varphi}{2} = \cos\frac{\varphi}{2}(-\,2\,G\,\sin\frac{\varphi}{2} + Q) = 0.$$

Aus (8.62) können nun die Gleichgewichtslagen bestimmt werden. Die erste Gleichgewichtslage ergibt sich für $\cos\frac{\varphi}{2} = 0$ bei

$$(8.63): \quad \frac{\varphi_1}{2} = \frac{\pi}{2}, \text{ beziehungsweise } \varphi_1 = \pi.$$

Sie gilt für alle $\frac{Q}{G}$, außer für Q = 2 G.

Die zweite Gleichgewichtslage ergibt sich für $(-2G\sin\frac{\varphi}{2} + Q) = 0$

bei

(8.64): $\varphi_2 = 2 \operatorname{arsin} \frac{Q}{2G}$

Die Gleichgewichtslagen werden nun auf ihre Art der Stabilität untersucht. Dazu muss für (8.62) die zweite Variation durchgeführt werden

$$(8.65): \quad \delta^2 \Pi = (-G r \cos\varphi + Q r \sin\frac{\varphi}{2}\frac{1}{2})(\delta\varphi)^2$$

$$= -G r (1 - 2\sin^2\frac{\varphi}{2} + \frac{Q}{2G}\sin\frac{\varphi}{2})(\delta\varphi)^2.$$

Aus der Untersuchung der ersten Gleichgewichtslage ergibt sich mit (8.63) in (8.65)

$$(8.66): \quad \delta^2 \Pi = -G r (1 - 2 + \frac{Q}{2G})(\delta\varphi)^2$$

$$= G r (1 - \frac{Q}{2G})(\delta\varphi)^2 \begin{cases} > 0 \text{ stabil für } \frac{Q}{2G} < 1, \\ < 0 \text{ labil für } \frac{Q}{2G} > 1. \end{cases}$$

Das heißt, die Gleichgewichtslage ist für das Gewichtsverhältnis $\frac{Q}{2G} < 1$ stabil und für das Gewichtsverhältnis $\frac{Q}{2G} > 1$ labil.

AUFGABE 8.4

- Bestimmung der Gleichgewichtslagen
- Bestimmung der Art der Gleichgewichtslagen

Eine drehbar gelagerte Scheibe (Radius r) trägt an zwei Armen (Länge a) die Gewichte G und 2 G. An einem um die Scheibe gewickeltes Seil hängt ein Gewicht Q.

gegeben: a, G, Q, r, Seillänge l für $\varphi = 0$

gesucht: Bestimmung der möglichen Gleichgewichtslagen und des maximale Wertes des Quotienten $\frac{rQ}{aG}$, für den überhaupt Gleichgewicht möglich ist und die die Art der ermittelten Gleichgewichtslagen.

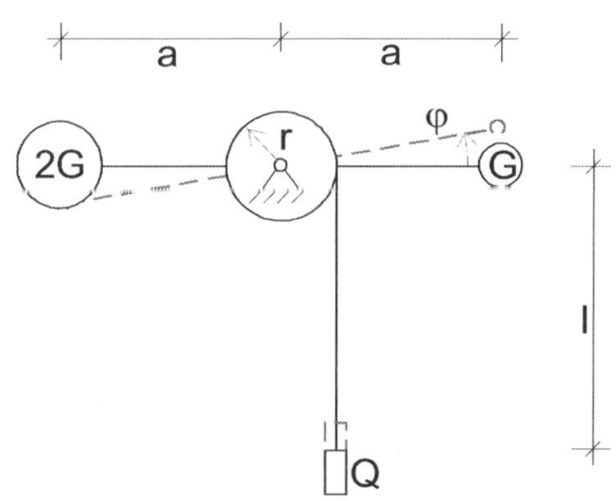

Bild 8.20 Scheibe mit den Gewichte G und 2 G

LÖSUNG

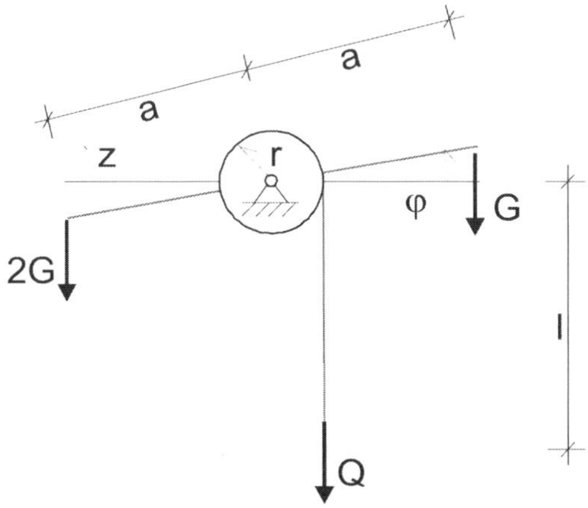

Bild 8.21 Geometrie

Die potentielle Energie ist

(8.68): $\Pi = -\,G\,a\,\sin\varphi - Q\,(l - r\,\varphi).$

Damit ergibt sich die erste und zweite Variation der potentiellen Energie zu

(8.69): $\delta\Pi = -\,(G\,a\,\cos\varphi)\delta\varphi.$

(8.70): $\delta\Pi^2 = (G\,a\,\sin\varphi)(\delta\varphi)^2.$

Aus (8.69) ergeben sich die Winkel der Gleichgewichtslagen zu

$$(8.71): \quad \delta\Pi = 0 \quad \Rightarrow \quad \cos\varphi = \frac{r}{a}\frac{Q}{G} \quad \Rightarrow \quad \varphi^* = \operatorname{ar}\cos\frac{r}{a}\frac{Q}{G}.$$

Die Winkel der Gleichgewichtlagen sind

$$(8.72): \quad \varphi_1 = +\varphi^* \text{ für } \frac{r}{a}\frac{Q}{G} \le 1,$$

$$(8.73): \quad \varphi_2 = -\varphi^* \text{ für } \frac{r}{a}\frac{Q}{G} \le 1,$$

$$(8.74): \quad \varphi_3 = 0 \text{ für } 1 = \frac{r}{a}\frac{Q}{G}.$$

Diese Gleichgewichtslagen werden auf ihre Art der Stabilität hin untersucht. Für $Qr < Ga$ und $0 < \varphi_1 = +\varphi^* < \frac{\pi}{2}$ gilt mit (8.70)

$$(8.75): \quad \delta\Pi^2 = (G\,a\,\sin\varphi)(\delta\varphi)^2 > 0.$$

Es handelt sich um eine stabile Gleichgewichtslage.

Für $Qr < Ga$ und $-\frac{\pi}{2} < \varphi_2 = -\varphi^* < 0$ gilt mit (8.70)

(8.76): $\delta\Pi^2 = (G\,a\,\sin\varphi)(\delta\varphi)^2 < 0.$

Es handelt sich um eine labile Gleichgewichtslage.

Für $Qr < Ga$ und $\varphi_3 = 0$ gilt mit (8.70)

(8.77): $\delta\Pi^2 = (G\,a\,0)(\delta\varphi)^2 = 0.$

Es handelt sich um eine indifferente Gleichgewichtslage.

AUFGABE 8.5

- Bestimmung der Gleichgewichtslagen
- Bestimmung der Art der Gleichgewichtslagen

Über eine masselose Walze, die am Umfang ein Gewicht 2 G trägt, ist ein Seil gelegt, an dessen Enden die Gewichte G und 2 G hängen.

gegeben: r, G

gesucht: Bestimmung aller Gleichgewichtslagen und deren Art.

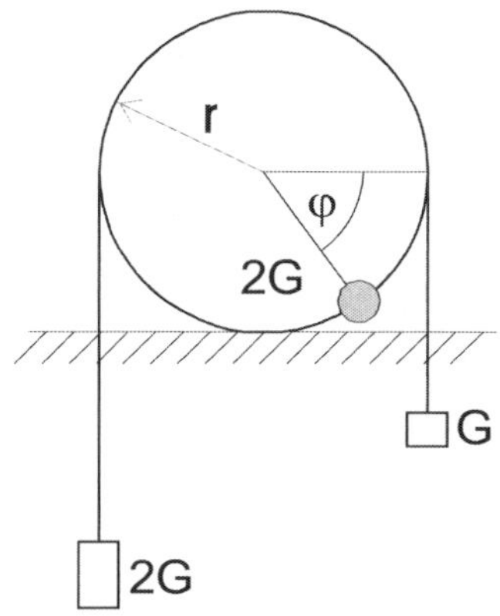

Bild 8.22 Walze mit den Gewichten G und 2 G

LÖSUNG

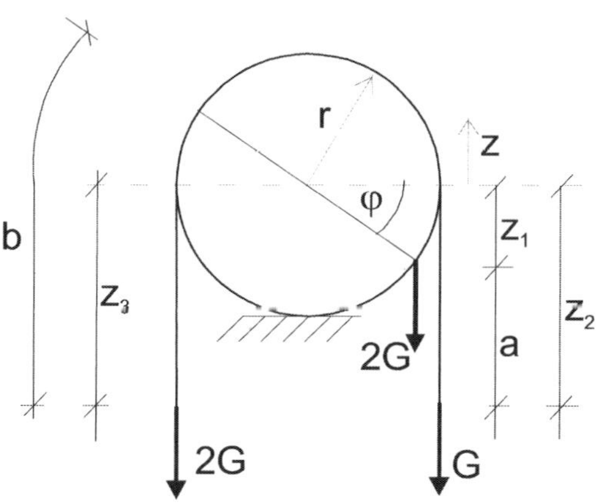

Bild 8.23 Geometrie;

Aus der Geometrie (Bild 8.26) ergibt sich

(8.78): $z_1 = - r \sin\varphi,\ z_2 = -(a + r\varphi),\ z_3 = -(b - r\varphi).$

Die potentielle Energie für das System lautet

(8.79): $\Pi = (-2\,G\,r\,\sin\varphi - G(a + r\,\varphi) - 2\,G(b - r\varphi).$

Zur Untersuchung der Gleichgewichtslagen wird die potentielle Energie variiert

(8.80): $$\begin{aligned}\delta\Pi &= (-2\,G\,r\,\cos\varphi - G\,r + 2\,G\,r)\,\delta\varphi \\ &= G\,r\,(1 - 2\cos\varphi)\,\delta\varphi = 0.\end{aligned}$$

Daraus ergibt sich die Gleichgewichtslage

(8.81): $\cos\varphi = \dfrac{1}{2}$

und die Winkel

(8.82): $\varphi_1 = 60^0$ und $\varphi_2 = 300^0.$

Zur Bestimmung der Art der Gleichgewichtslagen wird die zweite Variation gebildet. Für $\varphi_1 = 60^0$ ergibt sich

$$(8.83): \quad \delta\Pi^2 = (2G\,r\,\sin\varphi)(\delta\varphi)^2 > 0.$$

Es handelt sich um eine stabile Gleichgewichtslage.

Für $\varphi_2 = 300^0$ ergibt sich

$$(8.84): \quad \delta\Pi^2 = (2G\,r\,\sin 300^0)(\delta\varphi)^2 < 0.$$

Es handelt sich um eine labile Gleichgewichtslage.

AUFGABE 8.6

- Bestimmung der Gleichgewichtslagen
- Bestimmung der Art der Gleichgewichtslagen

Eine Briefwaage wird mit dem Gewicht G belastet. Die Stangen sind gewichtslos.

gegeben: a, b, c, d, l, G

gesucht: Bestimmung aller Gleichgewichtslagen und deren Art, sowie die Lagerkräfte A und B in den Gleichgewichtslagen.

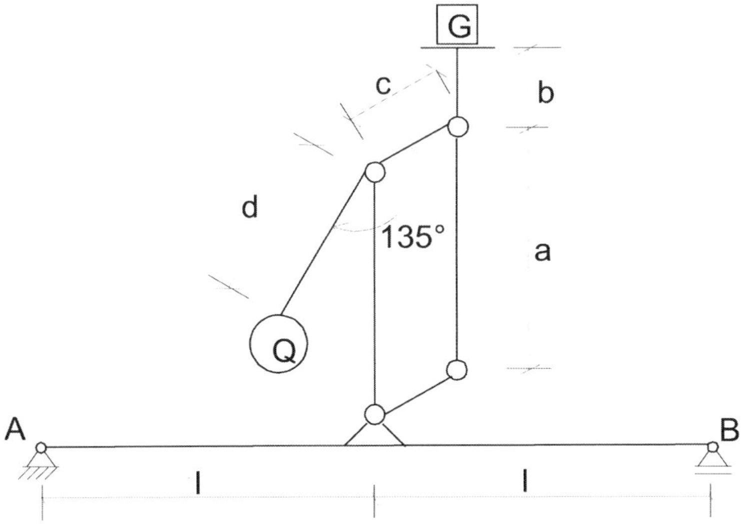

Bild 8.24 Briefwaage mit dem Gewicht G

LÖSUNG

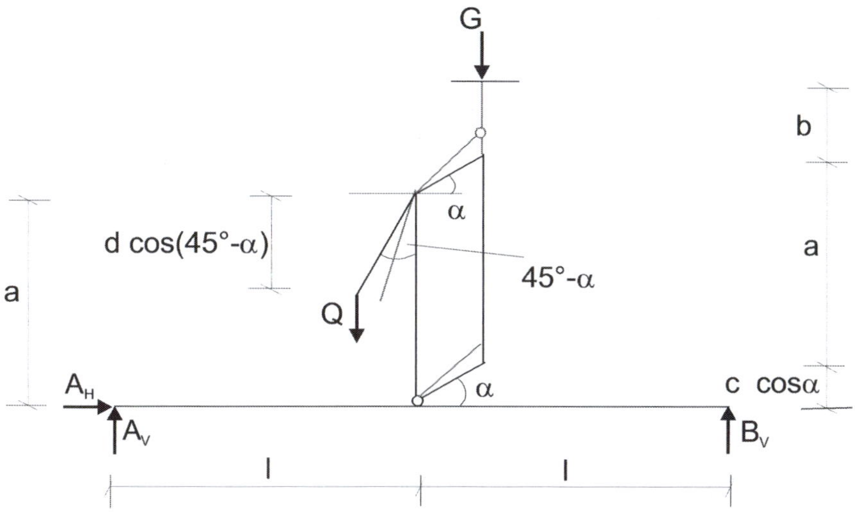

Bild 8.25 Geometrie

Die potentielle Energie ergibt sich zu

$$(8.85):\quad \Pi = G(b + a + c\sin\alpha) + Q(a - d\frac{1}{2}\sqrt{2}\cos(45^0 - \alpha))$$

mit $\cos(45^0 - \alpha) = \cos 45^0 \cos\alpha + \sin 45^0 \sin\alpha$ folgt

$$(8.86):\quad \Pi = G(b + a + c\sin\alpha) + Q(a - d\frac{1}{2}\sqrt{2}(\cos\alpha + \sin\alpha)).$$

Die Variation der potentiellen Energie sind

(8.87): $\delta\Pi = (G\,c\cos\alpha - Q\,d\frac{1}{2}\sqrt{2}(-\sin\alpha + \cos\alpha)\,)\delta\alpha,$

(8.88): $\delta\Pi^2 = (-G\,c\sin\alpha + Q\,d\frac{1}{2}\sqrt{2}(\cos\alpha + \sin\alpha)\,)(\delta\alpha)^2.$

Zur Bestimmung der Gleichgewichtslagen wird die erste Variation (8.87) zu Null gesetzt

(8.89): $\delta\Pi = G\,c\cos\alpha - Q\,d\frac{1}{2}\sqrt{2}(-\sin\alpha + \cos\alpha) = 0.$

Mit d = 5 c folgt

(8.90): $Q\,c\,(\frac{Q}{G}\cos\alpha - 5\frac{1}{2}\sqrt{2}\,(-\sin\alpha + \cos\alpha)) = 0, \;|:(Q\,c),$

(8.91): $\frac{G}{Q} = \frac{5}{2}\sqrt{2} = -\tan\alpha + 1.$

Mit $\frac{G}{Q} = \frac{5\,(\sqrt{3}-1)}{\sqrt{6}}$ folgt der Winkel

(8.92): $\frac{5\,(\sqrt{3}-1)}{\sqrt{6}} = -\frac{5}{2}\sqrt{2}\tan\alpha + \frac{5}{2}\sqrt{2}$

$$(8.93): \qquad \frac{5(\sqrt{3}-1)}{\sqrt{6}} + \frac{5}{2}\sqrt{2}\tan\alpha - \frac{5}{2}\sqrt{2} = 0,$$

$$(8.94): \qquad \tan\alpha = 1 - \frac{2(\sqrt{3}-1)}{2\sqrt{3}} = \frac{\sqrt{3}}{3}.$$

Gleichgewichtslagen ergeben sich für die Winkel α_i

$$(8.95): \qquad \alpha_1^* = \text{artan}\frac{\sqrt{3}}{3} = 30^0,$$

$$(8.96): \qquad \alpha_2^* = 210^0.$$

Mit $\frac{G}{Q} = \frac{5(\sqrt{3}-1)}{\sqrt{6}}$ in (8.97) ergibt die zweite Variation zur Bestimmung der Art der Gleichgewichtslagen

$$(8.97): \qquad \delta\Pi^2\Big| = Q\,c\,(-\frac{G}{Q}\sin\alpha + \frac{5\sqrt{2}}{2}(\cos\alpha + \sin\alpha))(\delta\alpha)^2$$
$$= 5Q\,c\,(-\frac{\sqrt{3}-1}{\sqrt{6}}\sin\alpha + \frac{\sqrt{2}}{2}(\cos\alpha + \sin\alpha))(\delta\alpha)^2$$
$$= 5Q\,c\,(\frac{1}{\sqrt{6}}\sin\alpha + \frac{\sqrt{2}}{2}\cos\alpha)(\delta\alpha)^2.$$

Mit (8.97) in (8.99)

$$(8.98): \quad \delta\Pi^2\Big|_{\alpha_1^*} = 5\,Q\,c\,(\frac{1}{\sqrt{6}}\sin 30^0 + \frac{\sqrt{2}}{2}\cos 30^0) > 0.$$

Es handelt sich um eine stabile Gleichgewichtslage.

Mit (8.98) in (8.99)

$$(8.99): \quad \delta\Pi^2\Big|_{\alpha_2^*} = 5\,Q\,c\,(\frac{1}{\sqrt{6}}\sin 210^0 + \frac{\sqrt{2}}{2}\cos 210^0) < 0.$$

Es handelt sich um eine labile Gleichgewichtslage.

Die Auflagerkräfte in der stabilen Gleichgewichtslage lassen sich über die Gleichgewichtbedingungen bestimmen

$$(8.100): \quad \rightarrow \quad A_H = 0,$$

$$(8.101): \quad A \circlearrowleft$$

$$B_{V30} = \frac{1}{2l}(G\,(l + c\cos 30^0) + Q\,d\sin(45^0 - 30^0),$$

$$(8.102): \quad \uparrow \quad A_{V30} = \frac{1}{2l}(G\,(-\,c\cos 30^0) + Q\,d\sin(45^0 - 30^0).$$

AUFGABE 8.7

- Bestimmung der Auflagerkräfte mit Hilfe des Arbeitssatzes
- Bestimmung der Auflagerkräfte durch Untersuchung der statischen Gleichgewichtslage

Ein Balken wird mit einer bereichsweisen Gleichstreckenlast und einer Einzellast belastet.

gegeben: a, $q_0 = \frac{F}{3a}$, F

gesucht: Bestimmung aller Auflagerkräfte mit Hilfe des Arbeitssatzes

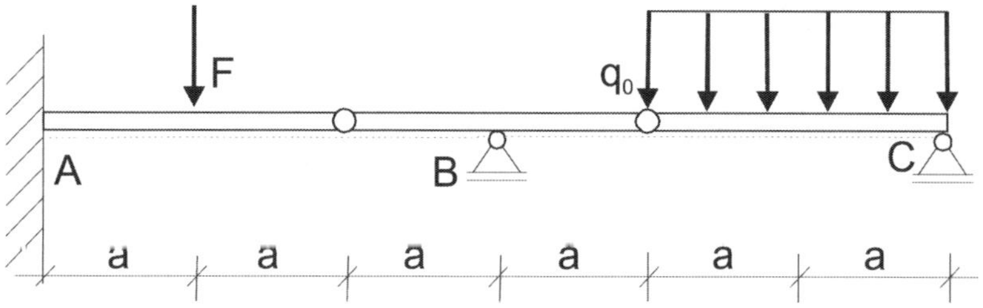

Bild 8.26 Balken mit bereichsweiser Gleichstreckenlast und Einzellast

LÖSUNG

Bestimmung von M_A durch Anbringen eines Gelenkes und eines Momentes M_A in A. Das System wird kinematisch gemacht, um die virtuellen Verformungen zu zeigen.

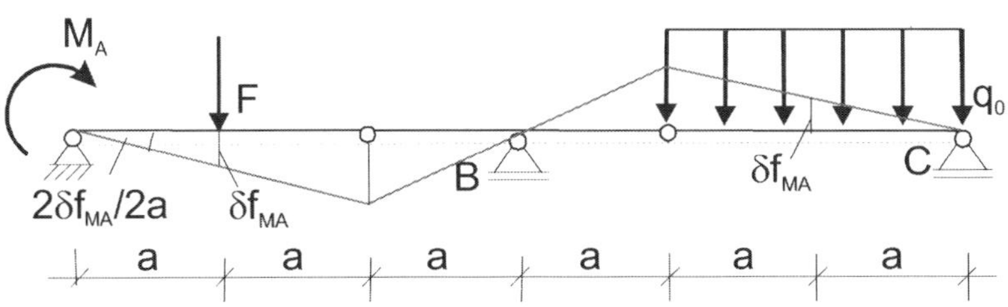

Bild 8.27 Bestimmung von M_A durch Anbringen eines Gelenkes und eines Momentes M_A in A

Der Arbeitssatz lautet

$$(8.103): \quad \delta W = M_A \frac{\delta f_{MA}}{a} + F\delta f_{MA} - q\,2\,a\,\delta f_{MA} = 0.$$

Daraus folgt das Einspannmoment

$$(8.104): \quad M_A = -F\,a + q\,2\,a^2 = -\frac{1}{3}F\,a.$$

Bestimmung von A_V durch Aufschneiden am Lager in vertikaler Richtung und Anbringen einer Lagerkraft A_V in A. Das System wird kinematisch gemacht, um die virtuellen Verformungen zu zeigen.

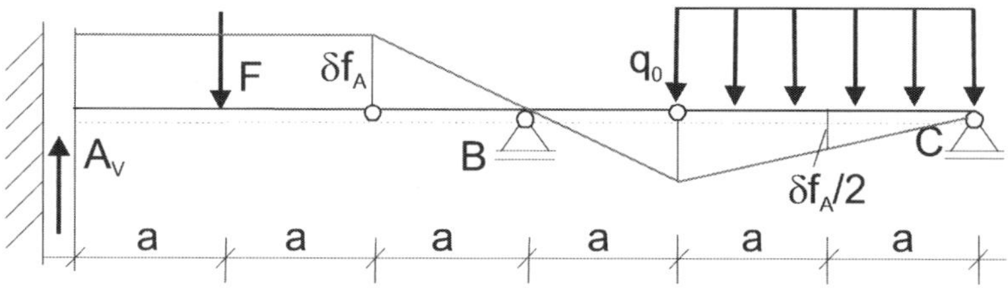

Bild 8.28 Bestimmung von A_V durch Aufschneiden der vertikalen Lagerung in A und Anbringen der Lagerkraft A_V

Der Arbeitssatz lautet

(8.105): $$\delta W = A_V \delta f_A - F\,\delta f_A + q\,2\frac{1}{2}a\,\delta f_A = 0.$$

Daraus folgt die vertikale Auflagerkraft

(8.106): $$A_V = F - q\,a = \frac{2}{3}F.$$

Bestimmung von B durch Aufschneiden am Lager in vertikaler Richtung und Anbringen einer Lagerkraft B in B. Das System wird kinematisch gemacht, um die virtuellen Verformungen zu zeigen.

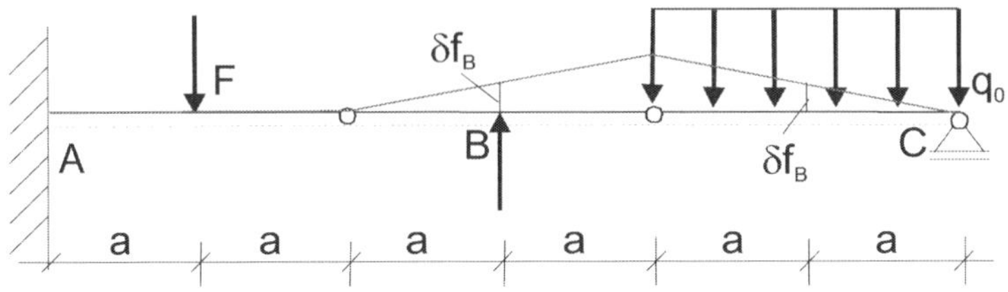

Bild 8.29 Bestimmung von B durch Aufschneiden des Lagers in B und Anbringen der Lagerkraft B

Der Arbeitssatz lautet

(8.107): $\delta W = -B\,\delta f_B - q\,2\,a\delta f_B = 0.$

Daraus folgt die Auflagerkraft

(8.108): $B = 2\,q\,a = \frac{2}{3}F.$

Bestimmung von C durch Aufschneiden am Lager in vertikaler Richtung und Anbringen einer Lagerkraft C in C. Das System wird kinematisch gemacht, um die virtuellen Verformungen zu zeigen.

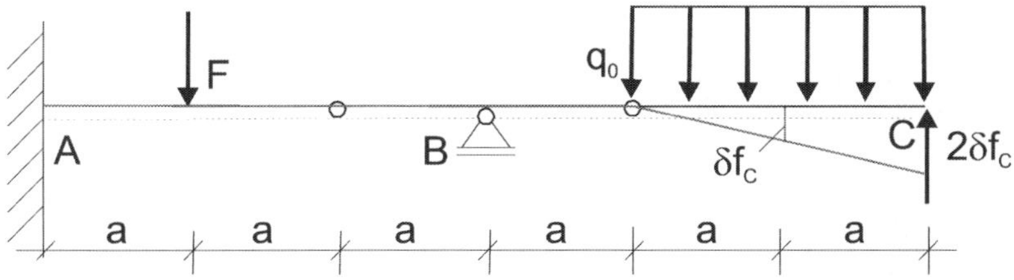

Bild 8.30 Bestimmung von C durch Aufschneiden des Lagers in C und Anbringen der Lagerkraft C

Der Arbeitssatz lautet

$$(8.109): \quad \delta W = -C\,2\,\delta f_C + q\,2\,a\delta f_C = 0.$$

Daraus folgt die Auflagerkraft

$$(8.110): \quad C = q\,a = \frac{F}{3}.$$

Hier können Sie eine kostenlose Strategie-Session buchen oder schreiben Sie mir, wenn Ihnen dieses Buch gefällt und Sie Anregungen oder Fragen haben.

Hier kommen Sie zu den kostenlosen Bonusmaterial zum Buch.

Hier finden meinen Blog „Selbstführung & Produktivität“. Sie helfen Ihnen, bessere Ergebnisse zu erzielen.

AUFGABEN ZU KAPITEL 9: HAFTUNG UND REIBUNG

AUFGABE 9.1

- Haftung an zwei Körpern, die mit einem Seil miteinander verbunden sind

Zwei Walzen (Gewicht G, Radius r) liegen auf einer schiefen Ebene (Winkel β). Die Walze I haftet auf der schiefen Ebene (Haftungskoeffizient μ_0), die Berührungsflächen zwischen Walze I und Walze II und zwischen Walze II und der schiefen Ebene sind glatt. Über die Walze I läuft ein Seil, das im Mittelpunkt von Walze II befestigt ist.

gegeben: G, r, β, μ_0

gesucht: Bestimmung der Seilkraft S, damit Gleichgewicht herrscht, und der Normalkraft N_2 zwischen der schiefen Ebene und der Walze II für $\beta = 15^0$.

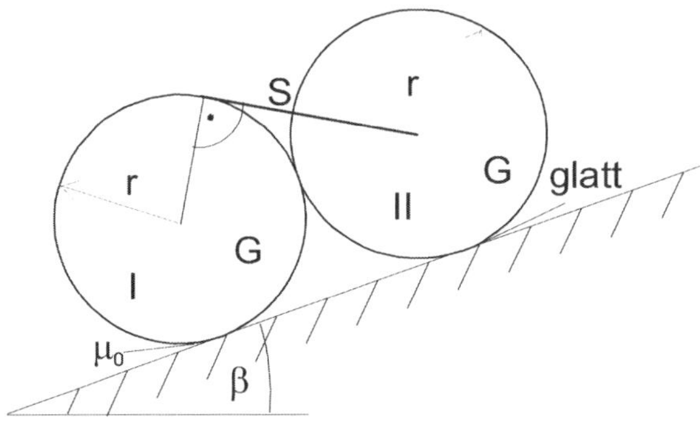

Bild 9.9 Zwei Walzen auf einer schiefen Ebene

LÖSUNG

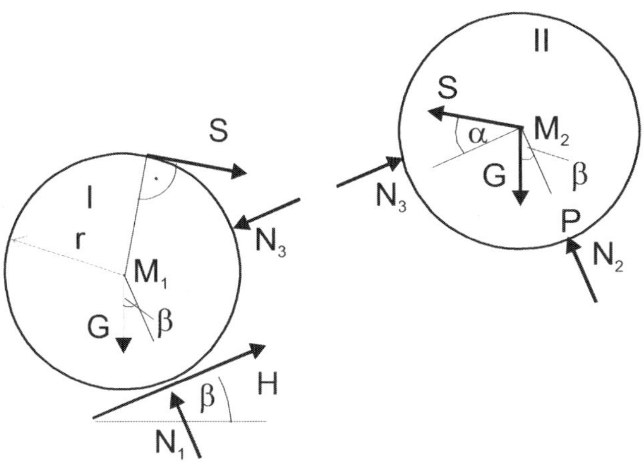

Bild 9.10 Schnittbild

Aus der Geometrie folgt

$$(9.28): \quad \sin\alpha = \frac{r}{2r} = \frac{1}{2} \quad \Rightarrow \quad \alpha = 30^0.$$

Die Gleichgewichtsbedingungen am linken Teilsystem lauten

$$(9.29): \quad M_1 \curvearrowleft \quad S\,r - H\,r = 0 \quad \Rightarrow \quad S = H,$$

$$(9.30): \quad \nwarrow \quad N_1 - G\cos\beta - S\sin\alpha = 0\,.$$

Die Gleichgewichtsbedingungen am Gesamtsystem lauten

$$(9.31): \quad P \curvearrowleft \quad G\sin\beta\, r\, 2 + G\cos\beta\, 2r - N_1\, 2r = 0$$

$$\Rightarrow \quad N_1 = G\,(\sin\beta + \cos\beta).$$

Mit (9.31) in (9.32) mit (9.28) folgt

$$(9.32): \quad G\,(\sin\beta + \cos\beta) - G\cos\beta - S\frac{1}{2} = 0$$

$$\Rightarrow \quad S = 2\,G\sin\beta.$$

In (9.31) eingesetzt folgt die Haftkraft

$$(9.33): \quad H = 2\,G\sin\beta.$$

Berechnen des Haftreibungskoeffizients μ_0 mit dem Haftungsgesetz

$$(9.1): \quad |H| \le \mu_0 N.$$

(9.33) und (9.31) in (9.1) eingesetzt, ergibt die Ungleichung für die Mindestgröße von μ_0

$$(9.34): \quad |2\,G\sin\beta| \le \mu_0\,G\,(\sin\beta + \cos\beta) \quad \Rightarrow \quad \mu_0 \ge \frac{2\sin\beta}{\sin\beta + \cos\beta}.$$

Die Normalkraft N_2 wird am rechten Teilsystem berechnet

$$(9.35): \quad N_2 - G\cos\beta + S\sin\alpha = 0 \quad \Rightarrow \quad N_2 = G\,(\cos\beta - \sin\alpha)\ .$$

Für $\beta = 15^0$ gilt

$$(9.36): \quad N_2 = 0{,}707\,G.$$

AUFGABE 9.2

- Haftung an zwei Körpern, die mit einem Seil miteinander verbunden sind
- Symmetrisches System

Ein Fass (Gewicht G, Radius r) soll durch eine Zangenkonstruktion gehoben werden. Die beiden vertikalen Seile werden über eine Seiltrommel umgelenkt.

gegeben: G, r

gesucht: Bestimmung der Mindestgröße von μ_0 und die Gelenkkraft C.

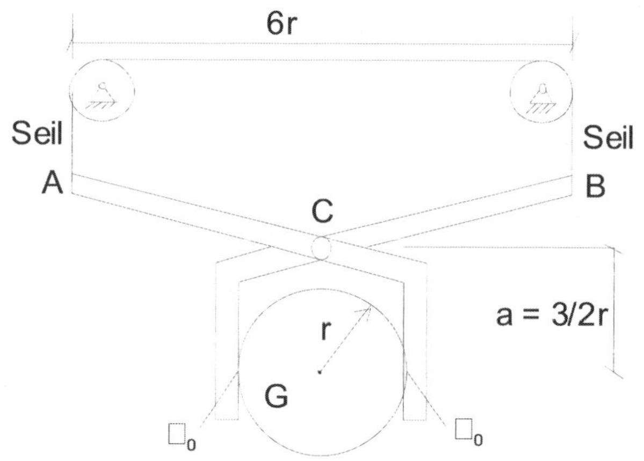

Bild 9.11 Fasshalterung durch Zangenkonstruktion

LÖSUNG

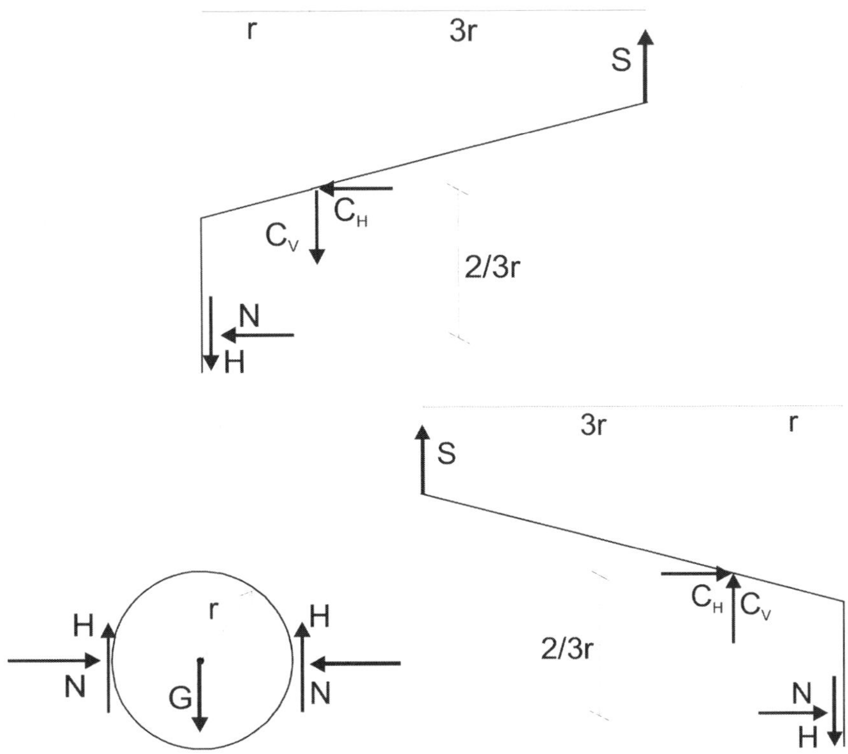

Bild 9.12 Schnittbild

Die Gleichgewichtsbedingung am Fass lautet

$$(9.37): \quad \uparrow \quad 2H - G = 0 \quad \Rightarrow \quad H = \frac{1}{2} G.$$

Die Gleichgewichtsbedingung am Gesamtsystem lautet

$$(9.38): \quad \uparrow \quad 2S = G \quad \Rightarrow \quad S = \frac{1}{2}G.$$

Die Gleichgewichtsbedingung an der linken Zangenhälfte lautet

$$(9.39): \quad C \curvearrowleft \quad Hr - N\frac{3}{2}r + S\,3r = 0 \quad \Rightarrow \quad N = \frac{4}{3}G.$$

Mit dem Haftungsgesetz ergibt sich der Mindesthaftungskoeffizient

$$(9.40): \quad |H| \le \mu_0 N \quad \Rightarrow \quad \left|\frac{1}{2}G\right| \le \mu_0 \frac{4}{3}G \quad \Rightarrow \quad \mu_0 \ge \frac{3}{8}.$$

Die Gelenkkräfte ergeben sich durch die Aufstellung der Gleichgewichtsbedingungen an der linken Zangenhälfte

$$(9.41): \quad \uparrow \quad C_V = H - S = 0,$$

$$(9.42): \quad \rightarrow \quad C_H = -N = -\frac{4}{3}G = C.$$

AUFGABE 9.3

- Haftung an zwei Körpern, die mit einem Seil miteinander verbunden sind

Zwei Quader (Gewicht G und $\overline{G}$) sind durch ein Seil S miteinander verbunden und liegen auf einer unter α schiefen Ebene (Haftungskoeffizienten μ_0 und $\overline{\mu}_0$).

gegeben: G, $\mu_0 = 0.2$, $\overline{\mu}_0 = 0.4$, $\alpha = 20^0$

gesucht: Bestimmung der Mindestgröße von $\overline{G}$, für die die Körper nicht abrutschen.

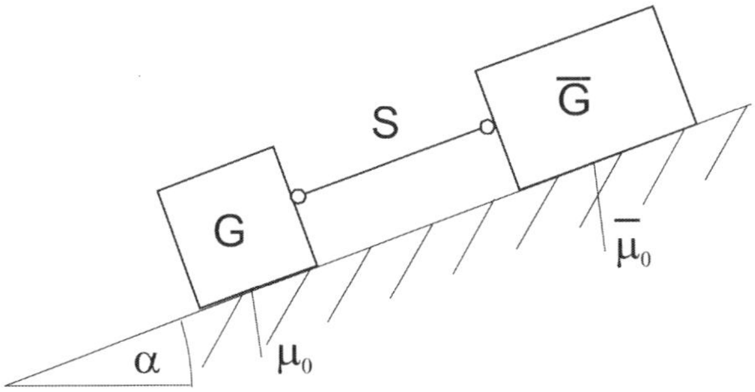

Bild 9.13 Zwei Quader auf einer unter α schiefen Ebene

LÖSUNG

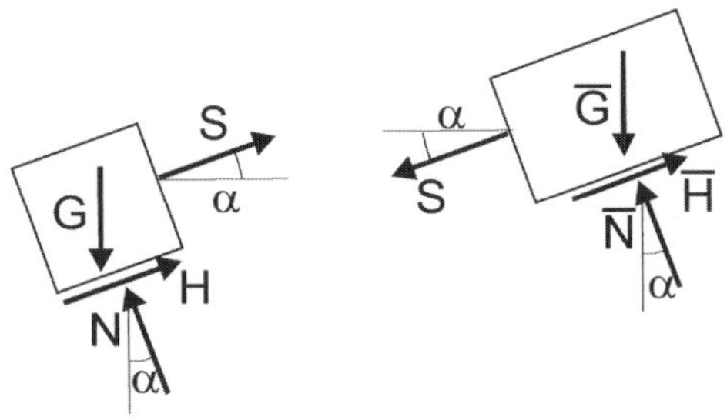

Bild 9.14 Schnittbild

Die Gleichgewichtsbedingungen am linken Teilsystem lauten

$$(9.43): \quad N = G\cos\alpha,$$

$$(9.44): \quad H + S - G\sin\alpha = 0.$$

Die Gleichgewichtsbedingungen am rechten Teilsystem lauten

$$(9.45): \quad \overline{N} = \overline{G}\cos\alpha,$$

$$(9.46): \quad \overline{H} - S - \overline{G}\sin\alpha = 0.$$

Aus (9.44) und (9.46) S eliminiert ergibt

(9.47): $H + \overline{H} = (G + \overline{G})\sin\alpha.$

Mit dem Haftungsgesetz (9.1)

(9.48): $|H| \le \mu_0 N,$ beziehungsweise $|\overline{H}| \le \mu_0 \overline{N}$

In (9.48) eingesetzt, folgt

(9.49): $\mu_0 N + \overline{\mu}_0 \overline{N} \ge |(G + \overline{G})\sin\alpha|.$

Die Betragsstriche können hier auch entfallen, da der Term immer > Null wird.

(9.50): $\cos\alpha\,(\mu_0 G + \overline{\mu}_0 \overline{G}) \ge (G + \overline{G})\sin\alpha$

$$\Rightarrow \quad \overline{G} \ge \frac{(\tan\alpha - \mu_0)}{\overline{\mu}_0 - \tan\alpha} G.$$

Mit Zahlenwerten für $\tan 20^0 = 0.36$, $\mu_0 = 0.2$ und $\overline{\mu}_0 = 0.4$ ergibt sich $\overline{G} \ge 4G$.

AUFGABE 9.4

- Haftung an einem Körper
- Statisch unbestimmtes System

- Grenzhaftung

Ein gewichtsloses Brett, das auf zwei rauhen Kanalwänden aufliegt, ist mittig mit einer schräg angreifenden Kraft F belastet.

gegeben: l, α , φ , μ_0

gesucht: Bestimmung der Reaktionskräfte in Abhängigkeit von φ und des größte Wertes, den φ annehmen darf, wenn der Haftungskoeffizient $\mu_0 = 0.3$ ist.

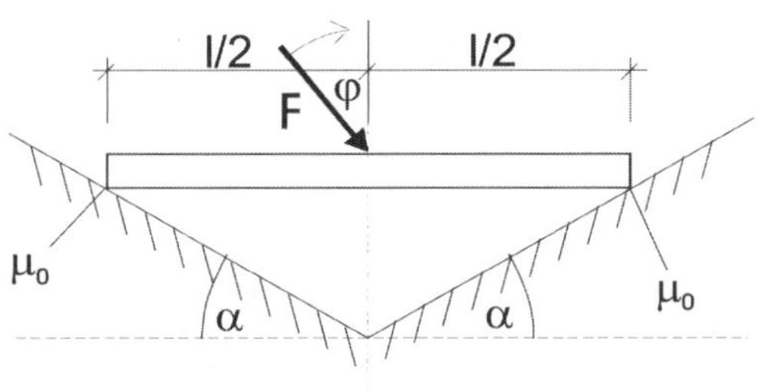

Bild 9.15 Gewichtsloses Brett auf zwei rauhen Kanalwänden

LÖSUNG

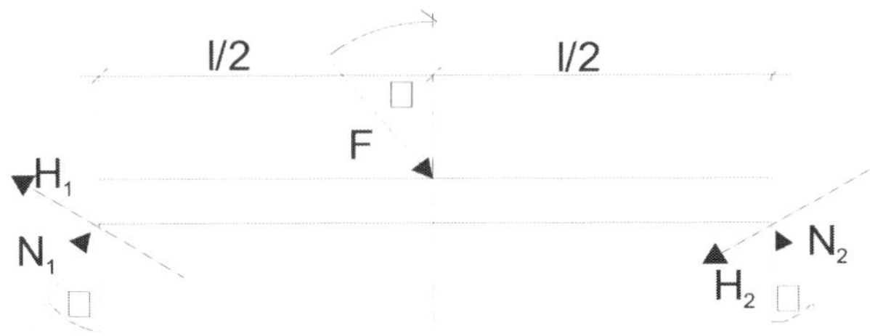

Bild 9.16 Schnittbild

Die Gleichgewichtsbedingungen lauten

$$(9.51): \quad \uparrow \quad -F\cos\varphi + (N_1 + N_2)\cos\alpha + (H_1 - H_2)\sin\alpha = 0,$$

$$(9.52): \quad \rightarrow \quad -F\sin\varphi + (N_1 + N_2)\sin\alpha + (H_1 - H_2)\cos\alpha = 0,$$

$$(9.53): \quad A \curvearrowleft \quad -F\cos\varphi\frac{l}{2} + N_2 l\cos\alpha - H_2 l\sin\alpha = 0.$$

Mit den Haftbedingungen

$$(9.54): \quad |H_1| \le \mu_0 N_1,$$

$$(9.55): \quad |H_2| \le \mu_0 N_2.$$

Das System ist statisch unbestimmt. Um die Reaktionskräfte bestimmen zu können, fehlt noch eine Gleichung zur Auflösung. Deshalb müssen die Grenzbedingungen für Haftung angenommen werden

$$(9.56): \quad |H_1| = \mu_0 N_1,$$

$$(9.57): \quad |H_2| = \mu_0 N_2.$$

Aus (9.51) mit (9.56) ergibt sich

$$(9.58): \quad -F\cos\varphi \frac{1}{2} + N_2 l(\cos\alpha - \mu_0 \sin\alpha) = 0.$$

Daraus folgt

$$(9.59): \quad N_2 = \frac{\frac{1}{2}F\cos\varphi_{max}}{\cos\alpha - \mu_0 \sin\alpha}.$$

$$(9.60): \quad H_2 = \mu_0 \frac{\frac{1}{2}F\cos\varphi_{max}}{\cos\alpha - \mu_0 \sin\alpha}.$$

In (9.52) mit (9.57) folgt

$$(9.61):\quad -F\cos\varphi + \frac{\frac{1}{2}F\cos\varphi}{\cos\alpha-\mu_0\sin\alpha}\cos\alpha -$$

$$-\mu_0\frac{\frac{1}{2}F\cos\varphi}{\cos\alpha-\mu_0\sin\alpha}\sin\alpha$$

$$= -N_1(\cos\alpha-\mu_0\sin\alpha).$$

Daraus ergibt sich

$$(9.62):\quad N_1=\frac{\frac{1}{2}F\cos\varphi_{max}}{\cos\alpha+\mu_0\sin\alpha}.$$

$$(9.63):\quad H_1=\mu_0\frac{\frac{1}{2}F\cos\varphi_{max}}{\cos\alpha+\mu_0\sin\alpha}.$$

Zur Berechnung des Maximalwinkels φ_{max} folgt aus (9.59), (9.60) in (9.51)

$$(9.64):\quad F\sin\varphi_{max}+N_1(\sin\alpha-\mu_0\cos\alpha)-$$

$$-N_2(\sin\alpha+\mu_0\cos\alpha)=0,$$

daraus folgt mit (9.63) und (9.66)

$$(9.65):\quad \sin\varphi_{max} + \frac{\frac{1}{2}\cos\varphi_{max}}{\cos\alpha + \mu_0 \sin\alpha}(\sin\alpha - \mu_0 \cos\alpha)$$

$$- \frac{\frac{1}{2}\cos\varphi_{max}}{\cos\alpha - \mu_0 \sin\alpha}(\sin\alpha + \mu_0 \cos\alpha) = 0,$$

$$(9.66):\quad \sin\varphi_{max} +$$

$$+ \frac{1}{2}\cos\varphi_{max}\left(\frac{(\sin\alpha - \mu_0 \cos\alpha)}{(\cos\alpha + \mu_0 \sin\alpha)} - \frac{(\sin\alpha + \mu_0 \cos\alpha)}{(\cos\alpha - \mu_0 \sin\alpha)}\right) = 0,$$

$$(9.67):\quad \sin\varphi_{max}$$

$$+ \frac{1}{2}\cos\varphi_{max}\left(\frac{(\sin\alpha - \mu_0 \cos\alpha)(\cos\alpha - \mu_0 \sin\alpha)}{(\cos\alpha + \mu_0 \sin\alpha)(\cos\alpha - \mu_0 \sin\alpha)}\right.$$

$$\left. - \frac{(\sin\alpha + \mu_0 \cos\alpha)(\cos\alpha + \mu_0 \sin\alpha)}{(\cos\alpha - \mu_0 \sin\alpha)(\cos\alpha + \mu_0 \sin\alpha)}\right) = 0,$$

$$(9.68):\quad \sin\varphi_{max} -$$

$$- \frac{1}{2}\cos\varphi_{max} \frac{\mu_0 \cos^2\alpha + \mu_0 \sin^2\alpha + \mu_0 \cos^2\alpha + \mu_0 \sin^2\alpha}{(\cos\alpha + \mu_0 \sin\alpha)(\cos\alpha - \mu_0 \sin\alpha)} = 0,$$

$$(9.69):\quad \sin\varphi_{max} -$$

$$- \mu_0 \frac{1}{2}\cos\varphi_{max} \frac{2(\cos^2\alpha + \sin^2\alpha)}{(\cos\alpha - \mu_0 \sin\alpha)(\cos\alpha + \mu_0 \sin\alpha)} = 0,$$

$$(9.70): \quad \sin\varphi_{max} -$$

$$- \frac{\mu_0 \cos\varphi_{max}}{(\cos\alpha - \mu_0 \sin\alpha)(\cos\alpha + \mu_0 \sin\alpha)} = 0,$$

$$(9.71): \quad \tan\varphi_{max} = \mu_0 \frac{1}{\cos^2\alpha - \mu_0^2 \sin^2\alpha} = 0.41$$

$$\Rightarrow \quad \varphi_{max} = 22{,}4^0.$$

AUFGABE 9.5

- Haftung an einem Körper
- Statisch unbestimmtes System
- Grenzhaftung

Auf einem horizontalen rauhen Boden (Haftungskoeffizient μ_1) liegt eine Walze (Gewicht G, Radius r) so, dass sie die vertikale, ebenfalls rauhe Wand (Haftungskoeffizient μ_2) berührt. An der Walze greift eine Drehkraft D an.

gegeben: μ_1, μ_2, G, r

gesucht: Bestimmung des größten Wertes von D, für den sich die Walze nicht dreht.

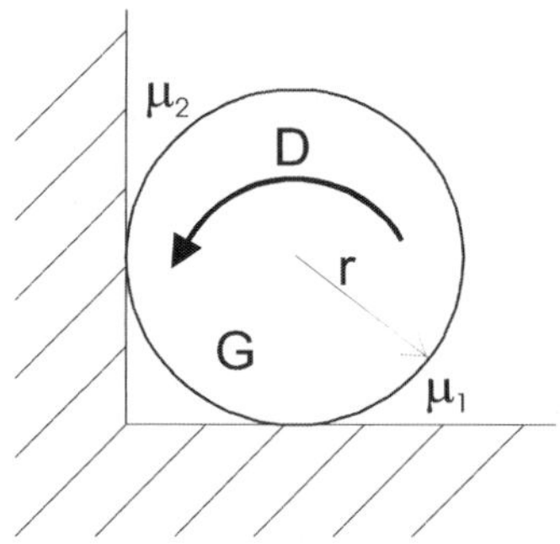

Bild 9.17 Walze auf einem horizontalen rauhen Boden und an einer rauhen Wand

LÖSUNG

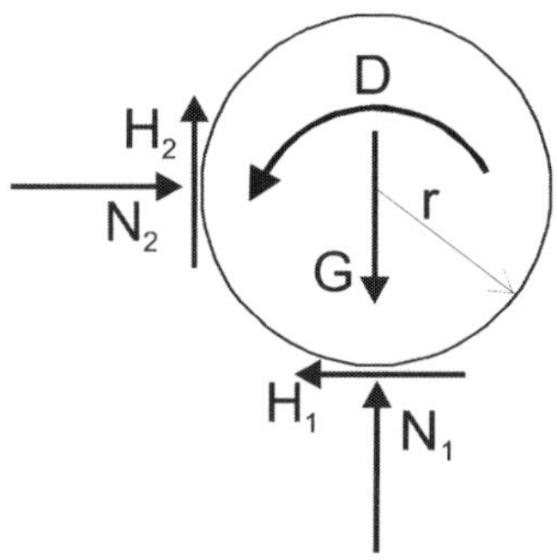

Bild 9.18 Schnittbild

Die Gleichgewichtsbedingungen lauten

$$(9.72): \quad \rightarrow \quad N_2 - H_1 = 0,$$

$$(9.73): \quad \uparrow \quad H_2 + N_1 - G = 0.$$

$$(9.74): \quad M \curvearrowleft \quad D - H_2 r - H_1 r = 0.$$

Das System ist statisch unbestimmt. Es fehlt noch eine Gleichung zur Auflösung, deshalb müssen die Grenzbedingungen für Haftung angenommen werden

$$(9.75): \quad |H_1| = \mu_1 N_1,$$

$$(9.76): \quad |H_2| = \mu_2 N_2.$$

Aus (9.72) folgt

$$(9.77): \quad H_1 = N_2 = \frac{1}{\mu_2}|H_2|,$$

in (9.74) ergibt

$$(9.78): \quad D = H_2 r - \frac{1}{\mu_2}|H_2| r = H_2 r\,(1 + \frac{1}{\mu_2}),$$

aus (9.75) folgt

$$(9.79):\quad H_2 = -N_1 + G = -\frac{1}{\mu_1}|H_1| + G = -\frac{1}{\mu_1}\frac{1}{\mu_2}|H_2| + G$$
$$= \frac{G\mu_1\mu_2}{\mu_1\mu_2 + 1}.$$

Daraus folgt der Wert für das Moment

$$(9.80):\quad D = G\,r\,\frac{\mu_1(\mu_2 + 1)}{\mu_1\mu_2 + 1}.$$

AUFGABE 9.6

- Gleichgewichtszustand eines Systems durch die mögliche Haftkraft

Ein starrer, gewichtsloser Balken hängt an einem Seil S und lehnt in A an einer rauhen Wand (Haftungskoeffizient μ_0). Er trägt in C eine Last F.

gegeben: α, β, F, l, μ_0

gesucht: Bestimmung der Reaktionskräfte

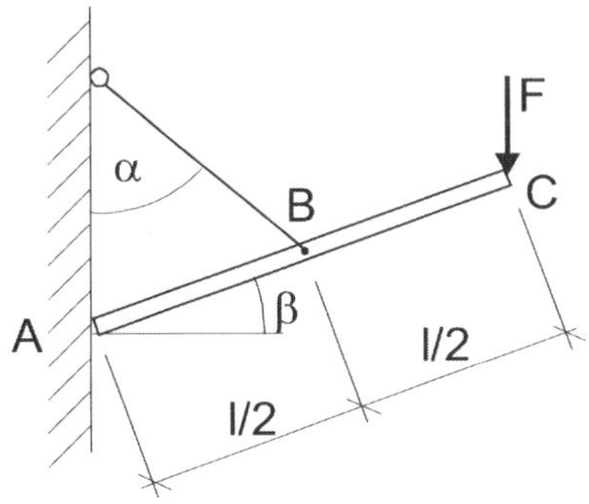

Bild 9.19 Starrer, gewichtsloser Balken

LÖSUNG

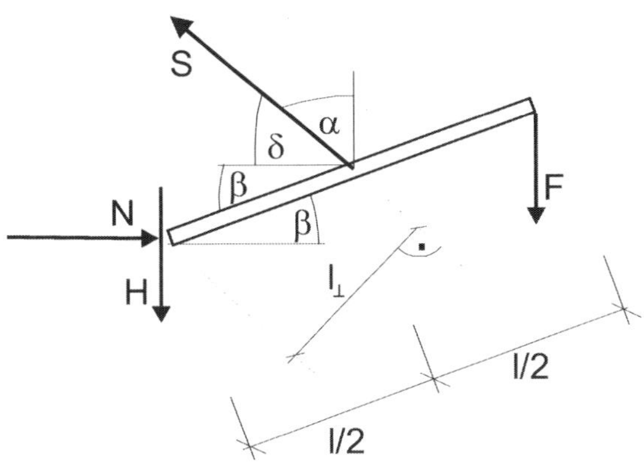

Bild 9.20 Schnittbild

Die Gleichgewichtsbedingungen lauten

$$(9.81): \quad A \circlearrowleft \quad l\cos\beta\, F - S\, l_\perp = 0.$$

Mit $\delta = 90^0 - \alpha$ folgt aus der Geometrie die Seilkraft

$$(9.82): \quad l_\perp = \frac{l}{2}\sin(\alpha+\beta) \quad \Rightarrow \quad S = 2F\frac{\cos\beta}{\sin(\delta+\beta)},$$

$$(9.83): \quad \rightarrow \quad N = S\sin\alpha = 2F\frac{\cos\beta\sin\alpha}{\sin(\delta+\beta)},$$

$$(9.84): \quad \uparrow \quad H = S\cos\alpha - F = F\frac{2\cos\alpha\cos\beta - \sin(\delta+\beta)}{\sin(\delta+\beta)}.$$

Mit Zahlenwerten für $\alpha = 60^0$, $\beta = 20^0$ und $\delta = 50^0$ folgen die Reaktionskräfte

$$(9.85): \quad S = 2{,}45\,F, \quad N = 2{,}13\,F, \quad H = 0{,}23\,F.$$

AUFGABE 9.7

- Gleichgewichtszustand eines Systems durch die mögliche Haftkraft

Eine gewichtslose Stange (Länge l) wird bei A reibungsfrei geführt und trägt an ihrem unteren Ende einen Klotz vom Gewicht G, der auf einer rauhen Unterlage (Haftungskoeffizient μ_0) liegt. An der Stange ist ein Seil befestigt, an dem das Gewicht Q hängt. Die Rolle ist reibungsfrei.

gegeben: l, μ_0 , G, Q, β

gesucht: Wie groß ist die Haftungskraft zwischen Klotz und Unterlage?, Ist eine Haftung des Klotzes für die Werte $\beta = 60^0$, Q = 4 N, $\mu_0 = \frac{1}{2\sqrt{3}}$ und $G = \sqrt{3}N$ möglich?; Wie groß muss G mindestens sein, damit das System gerade noch in Ruhe ist?

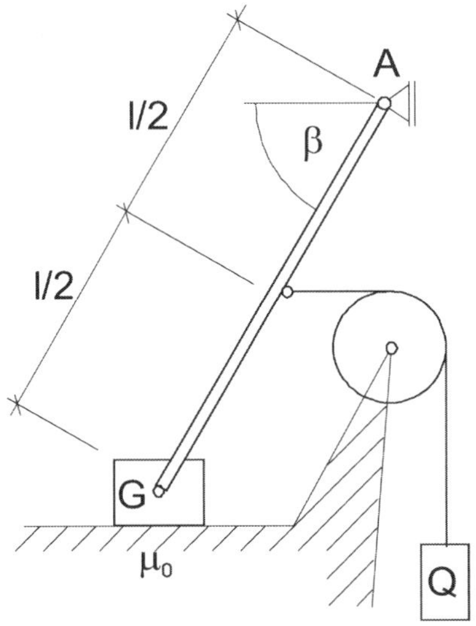

Bild 9.21 Gewichtslose Stange bei A reibungsfrei geführt

LÖSUNG

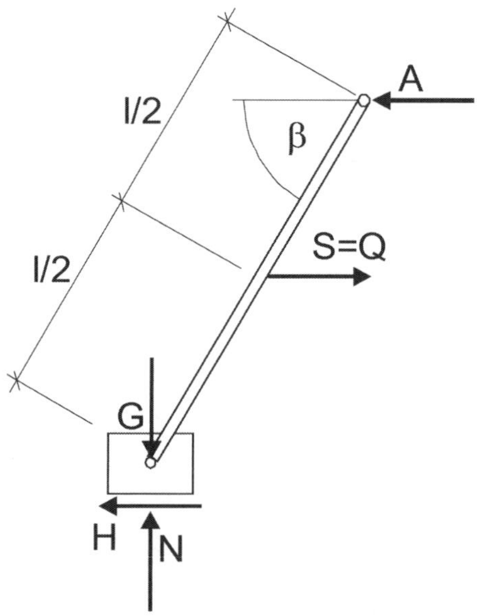

Bild 9.22 Schnittbild

Die Gleichgewichtsbedingungen zur Bestimmung der Haftungskraft zwischen Klotz und Unterlage lauten

$$(9.86):\quad B\curvearrowleft\quad A\,l\cos\beta - Q\frac{l}{2}\cos\beta = 0 \quad\Rightarrow\quad A = \frac{1}{2}Q,$$

$$(9.87):\quad \rightarrow\quad H = Q - A \quad\Rightarrow\quad H = \frac{1}{2}Q,$$

$$(9.88): \quad \uparrow \quad N = G.$$

Mit der Haftungsbedingung folgt

$$(9.89): \quad |H| \le \mu_0 N \quad \Rightarrow \quad \frac{1}{2} 4N \le \frac{1}{2\sqrt{3}} \sqrt{3} N.$$

Die Bedingung $4N \le N$ ist nicht erfüllt. Es ist keine Haftung möglich.

Die Mindestgröße von G ergibt sich zu

$$(9.90): \quad \frac{1}{2} Q \le \mu_0 G \quad \Rightarrow \quad G \ge \frac{1}{2\mu_0} Q.$$

AUFGABE 9.8

- Gleichgewichtszustand eines Systems durch die mögliche Haftkraft

Ein Mensch zieht an einer Kiste, die n- mal sein Gewicht wiegt. Die Kiste ruht auf rauhem Sand. Er selbst steht auf rauhem Boden. Wie weit darf er sich nach hinten neigen, bis er den Halt verliert? Der Winkel α ist gesucht, bei dem das Gleichgewicht versagt.

gegeben: G, h, s, μ_0

gesucht: Bestimmung des Grenzwinkels für n = 0.5 und n = 1.5

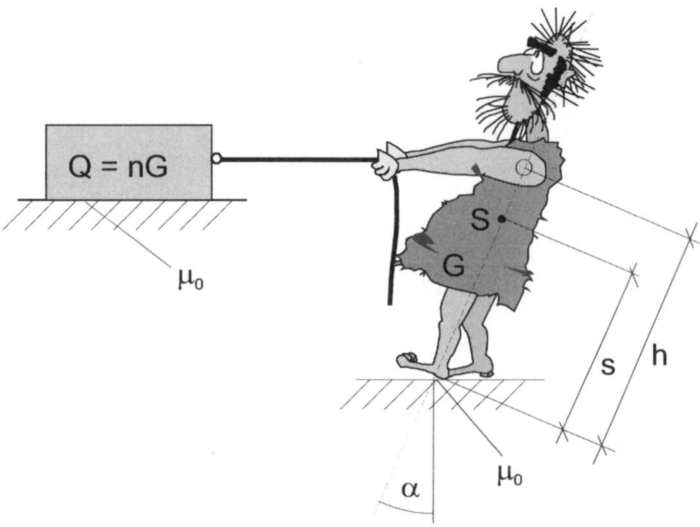

Bild 9.23 Mensch zieht an einer Kiste

LÖSUNG

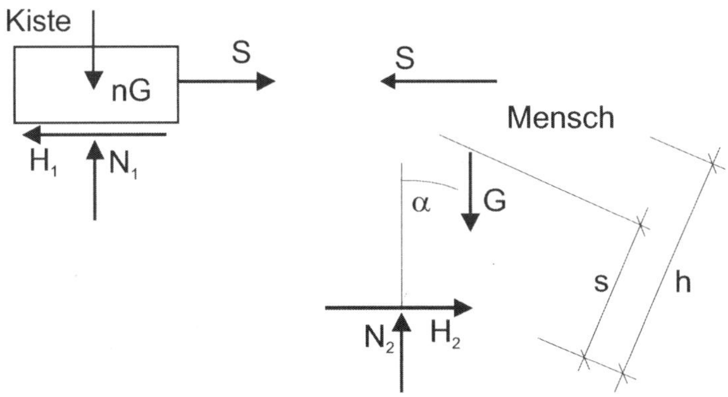

Bild 9.24 Schnittbild

Die Gleichgewichtsbedingungen an der Kiste lauten

$$(9.91): \quad \uparrow \quad N_1 = nG,$$

$$(9.92): \quad \rightarrow \quad H_1 = S,$$

Die Gleichgewichtsbedingungen am Mensch lauten

$$(9.93): \quad \uparrow \quad N_2 = G,$$

$$(9.94): \quad \rightarrow \quad H_2 = S,$$

$$(9.95): \quad A \circlearrowleft \quad -G\,s\,\sin\alpha + S\,h\,\cos\alpha = 0.$$

Daraus folgt

$$(9.96): \quad S = \frac{s}{h} G \tan\alpha,$$

in (9.95) eingesetzt ergibt

$$(9.97): \quad H_1 = \frac{s}{h} G \tan\alpha,$$

in (9.97) eingesetzt folgt

$$(9.98): \quad H_2 = \frac{s}{h} G \tan\alpha.$$

Mit dem Haftungsgesetz folgt der Grenzwinkel

$$(9.99): \quad |H_i| \leq \mu_0 N_i\,,$$

$$(9.100): \quad \left|\frac{s}{h} G \tan\alpha\right| \leq \mu_0 n G \quad \Rightarrow \quad \left|\frac{s}{h} G \tan\alpha\right| \leq \mu_0 G,$$

$$(9.101): \quad \left|\tan\alpha_1\right| \le \frac{h}{s}\mu_0 n \quad \Rightarrow \quad \left|\tan\alpha_2\right| \le \frac{h}{s}\mu_0,$$

Der Grenzwinkel α für das Verhältnis n = 0.5 ergibt sich zu

$$(9.102): \quad \left|\tan\alpha_1\right| \le \frac{h}{2\,s}\mu_0, \left|\tan\alpha_2\right| \le \frac{h}{s}\mu_0 > \tan\alpha_1.$$

Haftung am Klotz versagt zuerst.

Der Grenzwinkel α für das Verhältnis n = 1.5 ergibt sich zu

$$(9.103): \quad \left|\tan\alpha_1\right| \le \frac{3\,h}{2\,s}\mu_0 > \tan\alpha_2, \left|\tan\alpha_2\right| \le \frac{h}{s}\mu_0.$$

Haftung am Fuß versagt zuerst.

AUFGABE 9.9

- Gleichgewichtszustand eines Systems durch die mögliche Haftkraft
- Statisch unbestimmtes System
- Grenzhaftung

Ein durch die Last Q gespanntes Seil ist über eine gewichtslose Rolle geführt, deren Träger (Höhe h, Gewicht G) lose auf dem rauhen Boden (Haftungskoeffizient μ_0) steht.

gegeben: h, G, μ_0

gesucht: Bestimmung des Wertes für Q, damit der Rollenträger gerade nicht rutscht.

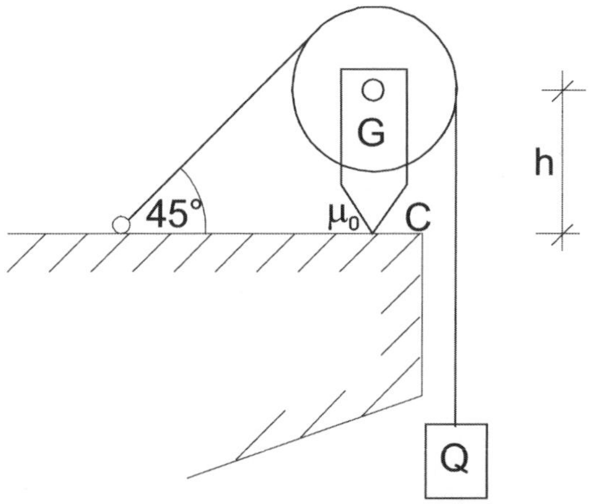

Bild 9.25 Träger, durch ein Seil gehalten

LÖSUNG

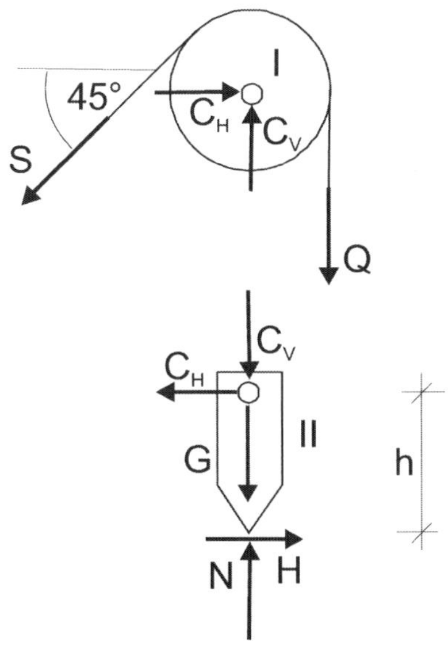

Bild 9.26 Schnittbild

Die Bestimmung der Gelenkkräfte C erfolgt über die Gleichgewichtsbedingungen am Teilsystem I

$$(9.104): \quad M \curvearrowleft \; S = Q,$$

$$(9.105): \quad \uparrow \quad C_V = Q + Q\frac{\sqrt{2}}{2} = Q\frac{2+\sqrt{2}}{2},$$

$$(9.106): \quad \rightarrow \quad C_H = Q\frac{\sqrt{2}}{2},$$

und am Teilsystem II

$$(9.107): \quad \rightarrow \quad H = C_H = Q\frac{\sqrt{2}}{2},$$

$$(9.108): \quad \uparrow \quad N = C_V + G = G + Q\frac{2+\sqrt{2}}{2}.$$

Es gilt die Grenzhaftung für Gerade- Nicht- Rutschen

$$(9.109): \quad |H| = \mu_0 N.$$

(9.107) und (9.108) in (9.109) eingesetzt ergibt die Maximalgröße des Gewichts

$$(9.110): \quad \left|Q\frac{\sqrt{2}}{2}\right| \le \mu_0(G + Q\frac{2+\sqrt{2}}{2}),$$

$$(9.111): \quad Q\frac{\sqrt{2}}{2} - \mu_0 Q\frac{2+\sqrt{2}}{2} \le \mu_0 G,$$

(9.112): $Q(\frac{\sqrt{2}}{2} - \mu_0 \frac{2+\sqrt{2}}{2}) \leq \mu_0 G,$

(9.113): $Q \leq \frac{\mu_0 G\sqrt{2}}{1-\mu_0(\sqrt{2}+1)}.$

AUFGABE 9.10

- Gleichgewichtszustand eines Systems durch die mögliche Haftkraft
- Bestimmung von □0

Ein aus zwei gleichen Stangen (Gewicht G) bestehender Bock trägt die Last Q.

gegeben: a = 0, 25 h, b = 0, 5 h, G, Q, h

gesucht: Bestimmung des Haftungskoeffizient μ_0 bei B, damit der Bock für Q = 0, beziehungsweise G = 0 im Gleichgewicht steht.

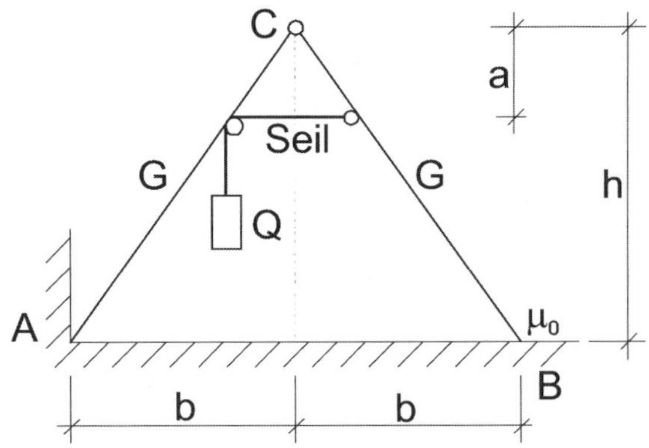

Bild 9.27 Bock mit der Last Q

LÖSUNG

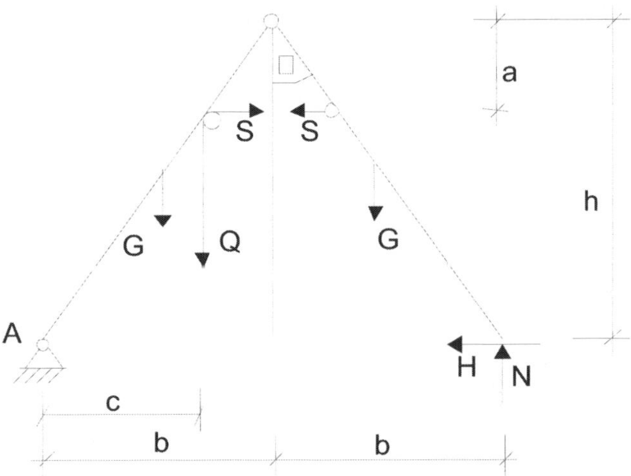

Bild 9.28 Schnittbild

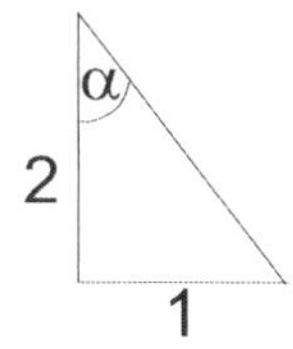

Bild 9.29 Geometrie

Aus der Geometrie nach Bild 9.29 und dem Strahlensatz ergibt sich

$$(9.114): \quad \tan\alpha = \frac{1}{2} \quad \Rightarrow \quad \alpha = 26{,}6^0,$$

$$(9.115): \quad \frac{h}{b} = \frac{a}{b-c} \quad \Rightarrow \quad c = \frac{b}{h}(h - a).$$

Die Gleichgewichtsbedingung am rechten Teilsystem lautet

$$(9.116): \quad C_{rechts} \curvearrowleft \quad Hh + G\frac{b}{2} + Sa - Nb = 0.$$

Die Gleichgewichtsbedingung am Seil lautet

$$(9.117): \quad S = Q.$$

Die Gleichgewichtsbedingung am linken Teilsystem lautet

$$(9.118): \quad A \curvearrowleft \quad G\frac{b}{2} + G\frac{3}{2}b + Qc - N2b = 0.$$

Mit (9.115) folgt

$$(9.119): \quad N = G + Q\frac{h-a}{2h},$$

(9.119) in (9.116) ergibt die Haftkraft

$$(9.120): \quad H = G\frac{b}{2h} - Q\frac{hb - ab + 2ha}{2h^2}.$$

Mit der Haftbedingung folgt

$$(9.121): \quad |H| \leq \mu_0 N.$$

(9.119) und (9.120) in (9.121) eingesetzt, ergibt sich die Bestimmungsgleichung für μ_0

$$(9.122): \quad \left| G\frac{b}{2h} - Q\frac{hb - ab + 2ha}{2h^2} \right| \leq \mu_0 (G + Q\frac{h-a}{2h}) .$$

Für Q = 0 folgt daraus der Haftungskoeffizient

(9.123): $\mu_0 \geq \frac{b}{2h} = \frac{1}{4}$.

Für G = 0 folgt daraus der Haftungskoeffizient

(9.124): $\mu_0 \geq \frac{2ah + bh - ab}{h(h - a)} = \frac{1}{6}$.

AUFGABE 9.11

- Gleichgewichtszustand eines Systems durch die mögliche Haftkraft
- Statisch unbestimmtes System
- Grenzhaftung

Bei der skizzierten Klemmrollenbefestigung sei der Haftungskoeffizient zwischen Tafel (Gewicht G_1) und Rolle (Gewicht G_2), sowie zwischen Rolle und Bügel μ_0. Die Berührfläche zwischen Tafel und Bügel sei glatt.

gegeben: G_1, G_2, r, α , μ_0

gesucht: Bestimmung der Kräfte zwischen Rolle und Tafel und der maximalen Größe G_1, damit die Tafel nicht durchrutscht.

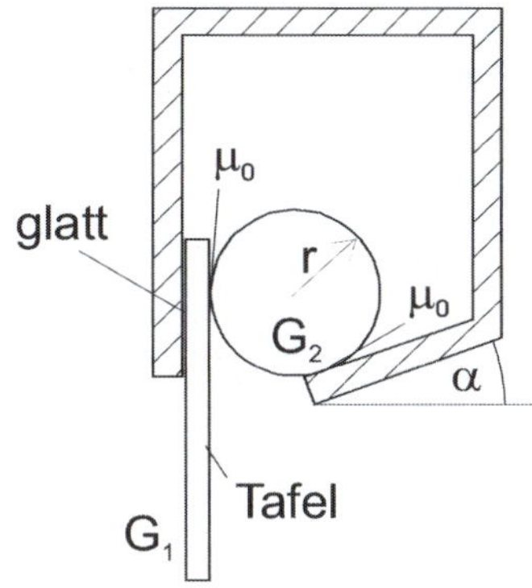

Bild 9.30 Klemmrollenbefestigung

LÖSUNG

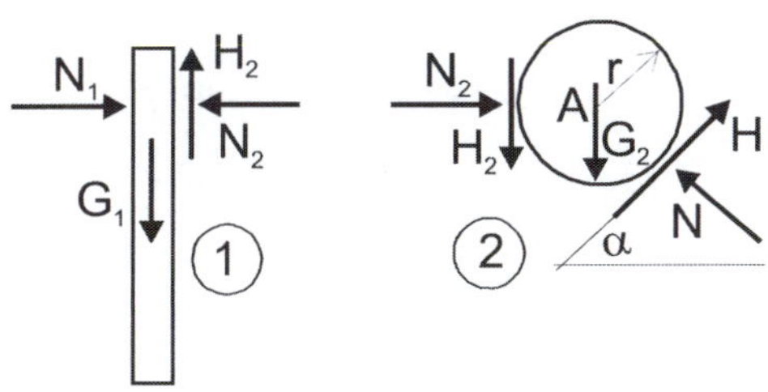

Bild 9.31 Schnittbild

Die Kräfte zwischen Rolle und Tafel werden über die Gleichgewichtsbedingungen am Teilsystem 1 berechnet

$$(9.125): \quad \uparrow \quad H_2 = G_1,$$

$$(9.126): \quad \rightarrow \quad N_1 = N_2,$$

und am Teilsystem 2

$$(9.127): \quad \curvearrowleft \quad H_2 r + H r = 0 \qquad \Rightarrow \quad H = -H_2 = -G_1,$$

$$(9.128): \quad \rightarrow \quad N_2 + H\cos\alpha - N\sin\alpha = 0,$$

$$(9.129): \quad \uparrow \quad -H_2 - G_2 + H\sin\alpha + N\cos\alpha = 0.$$

Mit $(9.127)\,|\,*\cos\alpha$ und $(9.128)\,|\,*\sin\alpha$ wird N eliminiert. Damit folgt die Normalkraft

$$(9.130): \quad N_2\cos\alpha + H\cos\alpha\cos\alpha - H_2\sin\alpha - \\ - G_2\sin\alpha + H\sin\alpha\sin\alpha = 0$$
$$\Rightarrow \quad N_2\cos\alpha + H - H_2\sin\alpha - G_2\sin\alpha = 0.$$

(9.127) mit (9.124) ergibt

$$(9.131): \quad N_2\cos\alpha - G_1 - G_1\sin\alpha - G_2\sin\alpha = 0,$$

$$(9.132): \quad N_2 = \frac{G_1(1+\sin\alpha) + G_2\sin\alpha}{\cos\alpha} = N_1,$$

Mit der Haftungsbedingung folgt

$$(9.133):\quad |H_2| \le \mu_0 N_2 .$$

Hier gilt die Grenzhaftung für Gerade- Nicht- Rutschen

$$(9.134):\quad |H_2| = \mu_0 N_2 .$$

Bestimmung der maximalen Gewichtskraft G_1 mit (9.127) und (9.134)

$$(9.135):\quad |G_1| = G_1 \le \mu_0 \frac{G_1(1+\sin\alpha) + G_2 \sin\alpha}{\cos\alpha},$$

$$(9.136):\quad G_1 \cos\alpha \le \mu_0 (G_1(1+\sin\alpha) + G_2 \sin\alpha),$$

$$(9.137):\quad G_1 (1 - \mu_0 \frac{1+\sin\alpha}{\cos\alpha}) \le \mu_0 G_2 \tan\alpha$$

$$\Rightarrow \quad G_1 \le \frac{\mu_0 G_2 \tan\alpha}{1 - \mu_0 \frac{1+\sin\alpha}{\cos\alpha}} .$$

AUFGABEN ZU KAPITEL 10: RAUMSTATIK

AUFGABE 10.1

- Bestimmung der Auflagerreaktion im dreidimensionalen System
- Bestimmung der Biege- und Torsionsmomentenverläufe

Ein eingespannter Kreisbogenträger, der in der horizontalen Ebene liegt, wird durch eine vertikale Endlast F normal zur Ebene belastet.

gegeben: r, F

gesucht: Bestimmung der Biege- und Torsionsmomente in Abhängigkeit vom Winkel φ.

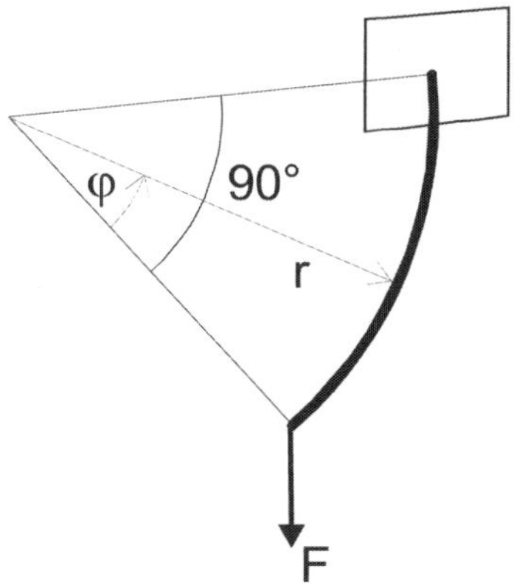

Bild 10.5 Eingespannter Kreisbogenträger mit vertikaler Endlast F

LÖSUNG

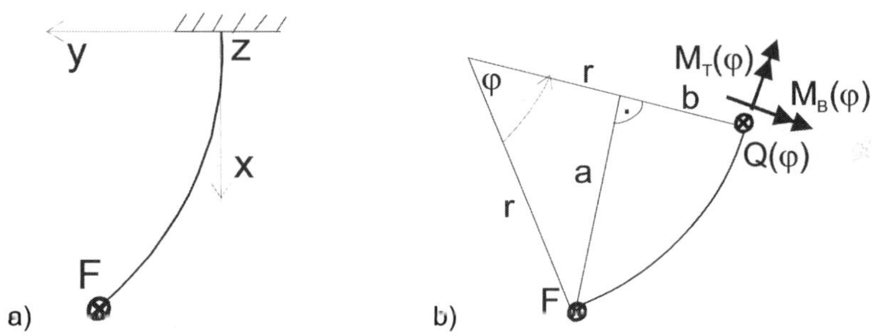

Bild 10.6 a) Draufsicht; b) Schnittbild an einem beliebigen Winkel φ

Zur Ermittlung der Momentenlinie schneidet man bei einem beliebigen Winkel φ

(10.14): $M_B(\varphi) = -F\,a = -F\,r\,\sin\varphi,$

$$(10.15): \quad M_T(\varphi) = +F\,b = F\,r\,(1-\cos\varphi),$$

$$(10.16): \quad Q(\varphi) = -F$$

AUFGABE 10.2

- Bestimmung der Auflagerreaktion im dreidimensionalen System
- Bestimmung der Querkraft-, Biege- und Torsionsmomentenverläufe

Ein aus Rohren zusammengeschweißter Rahmen ist bei A eingespannt und bei D mit der Kraft F belastet.

gegeben: l, F

gesucht: Bestimmung der Querkraft-, Biege- und Torsionsmomentenverläufe

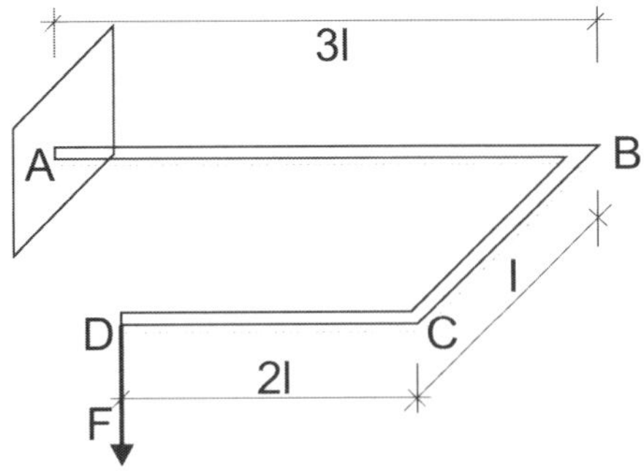

Bild 10.7 Aus Rohren zusammengeschweißter Rahmen

LÖSUNG

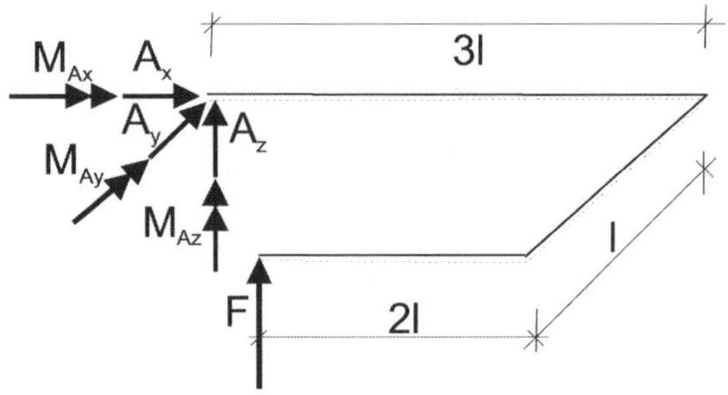

Bild 10.8 Schnittbild

Die Lagerkräfte ergeben sich aus den Gleichgewichtsbedingungen

(10.17): $A_x = A_y = 0, A_z = F, M_{Ax} = -F\,l,$
$M_{Ay} = -F\,l, M_{Az} = 0.$

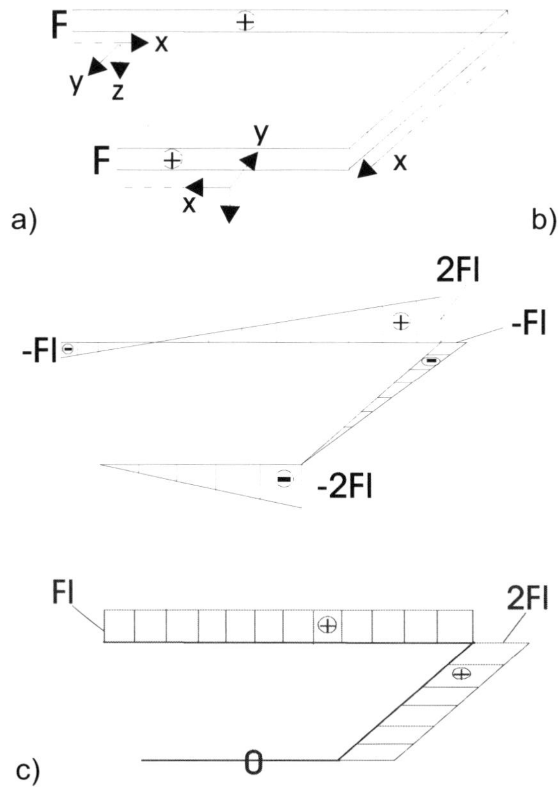

Bild 10.9 a) Querkraftverlauf; b) Biegemomentenverlauf; c) Torsionsmomentenverlauf; Koordinatensysteme aus der gestrichelten Faser.

AUFGABE 10.3

- Bestimmung der Auflagerreaktion im dreidimensionalen System

- Bestimmung der Normalkraft-, Biege- und Torsionsmomentenverläufe
- Ein Pfosten mit angeschweißtem Kragarm ist durch sein Eigengewicht q und ein Torsionsmoment am Ende des Kragarms belastet. Das Lager B ist in y-Richtung unverschieblich.

gegeben: l, q, M_{T0}

gesucht: Bestimmung der Normalkraft-, Biegemomenten- und Torsionsmomentenverläufe

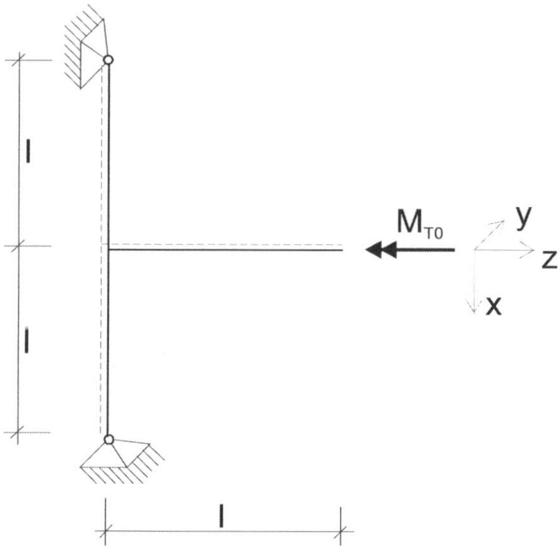

Bild 10.10 Pfosten mit angeschweißtem Kragarm mit Momentenbelastung

LÖSUNG

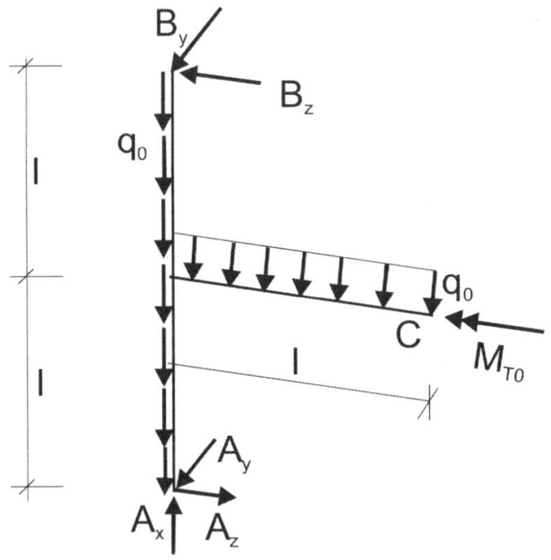

Bild 10.11 Schnittbild

Die dreidimensionale Gleichgewichtsbedingungen lauten

(10.18): $\uparrow \quad A_x = q\,2l + q\,l = 3\,q\,l,$

(10.19): $\searrow C \quad -M_{T0} - A_y\,l + B_y\,l = 0,$

(10.20): $\rightarrow \quad A_y = -B_y \quad \Rightarrow \quad A_y = -\frac{M_{T0}}{2l},$

(10.21): $\twoheadrightarrow A \quad -B_z\,2l + ql\frac{l}{2} = 0 \quad \Rightarrow \quad B_z = q\frac{l}{4}$,

(10.22): $\nwarrow \quad A_z = B_z = q\,\frac{l}{4}$.

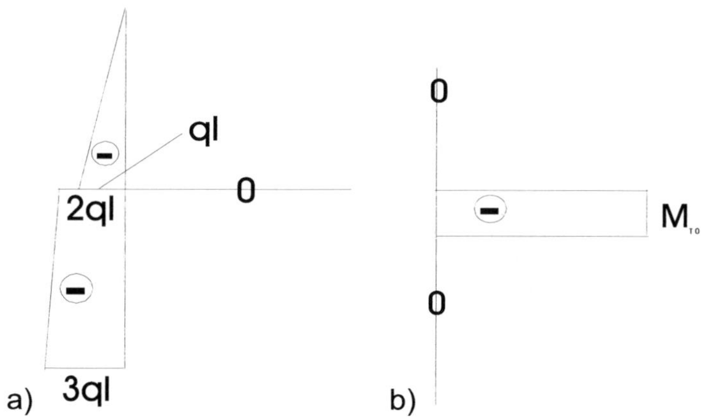

Bild 10.12 a) Normalkraftverlauf, b) Torsionsmomentenverlauf

Zur Kontrolle wird an der geschweißten Ecke die Momentensumme gebildet

(10.23): $-q\frac{l^2}{4} - q\frac{l^2}{4} - q\frac{l^2}{2} = 0.$

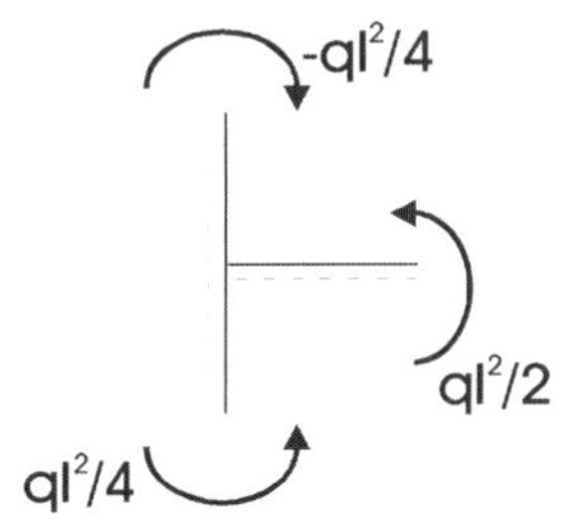

Bild 10.13 Momentengleichgewicht an der Rahmenecke

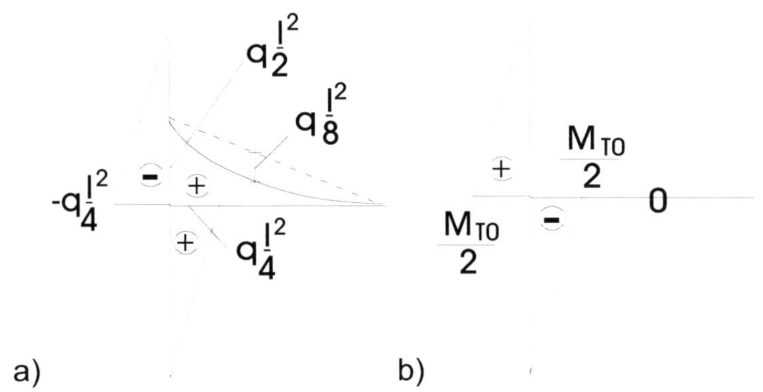

Bild 10.14 a) Biegemomentenverlauf um die y- Achse; b) Biegemomentenverlauf um die z- Achse

$$M_{oben} = -q\frac{l^2}{4};\; M_{rechts} = q\frac{l^2}{2};\; M_{unten} = q\frac{l^2}{4}$$

AUFGABE 10.4

- Bestimmung der Auflagerreaktion im dreidimensionalen System

Ein räumliches Tragwerk ist bei A um die x- Achse, bei C um die x- und y- Achse biegegelenkig, bei A torsionsstarr und bei C verschieblich gelagert.

gegeben: F, l

gesucht: Bestimmung der Auflagerkräfte A und C.

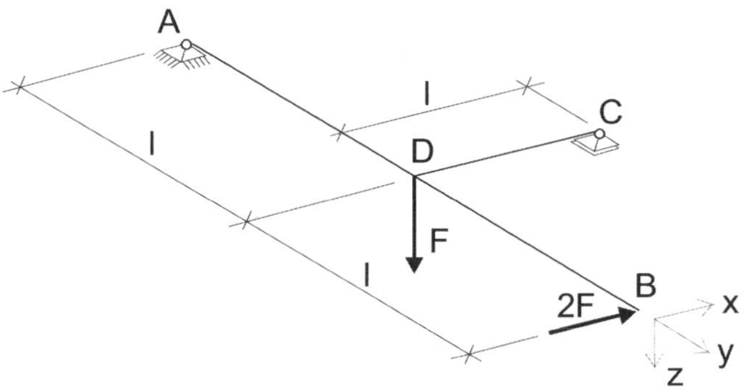

Bild 10.15 Räumliches Tragwerk

LÖSUNG

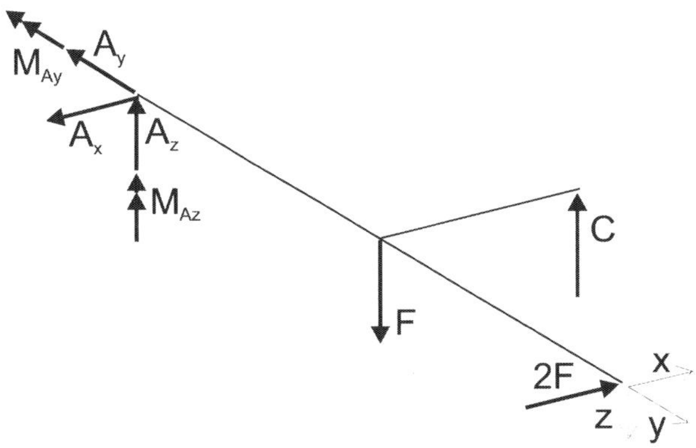

Bild 10.16 Schnittbild

Die dreidimensionale Gleichgewichtsbedingungen lauten

(10.24): $\searrow \quad A \quad M_{Ay} + C\,l = 0,$

(10.25): $\nearrow \quad A_x = 2\,F,$

(10.26): $\downarrow A \quad -M_{Az} - 2\,F\,2\,l = 0 \Rightarrow \qquad M_{Az} = -\,4\,F\,l,$

(10.27): $\uparrow \quad A_z + C = F,$

(10.28): $\nwarrow \quad A_y = 0,$

$$(10.29): \quad \twoheadrightarrow A \quad (C-F)l=0 \Rightarrow \qquad C=F,\ M_{Ay}=-Fl,\ A_z=0.$$

TABELLEN

Tabelle 2.1 Griechisches Alphabet

Α α	alpha	Ι ι	iota	Ρ ρ	rho
Β β	beta	Κ κ	kappa	Σ σ	sigma
Γ γ	gamma	Λ λ	lambda	Τ τ	tau
Δ δ	delta	Μ μ	my	Υ υ	ypsilon
Ε ε	epsilon	Ν ν	ny	Φ φ	phi
Ζ ζ	zeta	Ξ ξ	xi	Χ χ	chi
Η η	eta	Ο ο	omicron	Ψ ψ	psi
Θ θ	theta	Π π	pi	Ω ω	omega

Tabelle 7.2 Zusammenhänge aus der Integration

Streckenlast q(x)	Querkraft Q(x)	Moment M(x)
0	konstant	linear
konstant	linear	quadratische Parabel
linear	quadratische Parabel	kubische Parabel

Tabelle 7.3 Randbedingungen in den Auflagern

Auflager	Querkraft Q	Biegemoment M
gelenkiges Lager 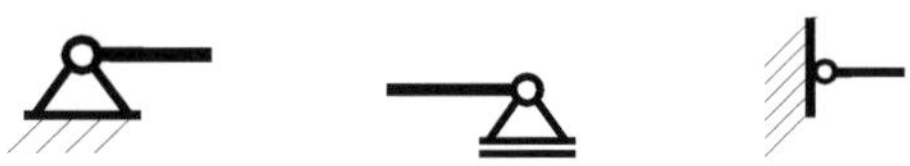	$\neq 0$	$= 0$
 **Parallelführung**	$= 0$	$\neq 0$
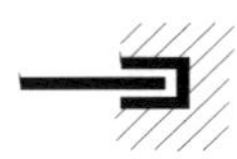 **Schiebehülse**	$\neq 0$	$\neq 0$
 **Einspannung**	$\neq 0$	$\neq 0$
freies Ende 	$= 0$	$= 0$

Tabelle 9.1 Haftungs- und Reibungskoeffizienten für verschiedene Werkstoffe

Werkstoffpaarung	Haftreibungskoeffizient μ_0	Reibungskoeffizient μ

	trocken	geschmiert	trocken	geschmiert
Stahl auf Gusseisen	0,2	0,15	0,18	0,1 ... 0,08
Stahl auf Stahl	0,2	0,1	0,15	0,1 ... 0,05
Stahl auf Cu-Sn-Legierung	0,2	0,1	0,1	0,06 ... 0,03
Stahl auf Pb-Sn-Legierung	0,15	0,1	0,1	0,05 ... 0,03
Stahl auf Polyamid	0,3	0,15	0,3	0,12 ... 0,05
Stahl auf Reibbelag	0,6	0,3	0,5	0,3 ... 0,2
Wälzlager	-	-	-	0,003 ... 0,001

LITERATUR

Assmann; Technische Mechanik I, II, II; Oldenbourg; 2009

Beitz/ Grote (Hers.); Dubbel, Taschenbuch für den Maschinenbau, 20. Auflage; Springer- Verlag; 2011

Böge; Technische Mechanik; Vieweg; 2011

Brommundt/ Sachs; Technische Mechanik; Springer- Lehrbuch; 2006

Bronstein, Ilja N./ Semendjajew, K. A./ Musiol, Gerhard/ Muehlig, Heiner; Taschenbuch der Mathematik; Deutsch (Harri); 2016

Dankert, Jürgen/ Dankert, Helga; Technische Mechanik: Statik, Festigkeitslehre, Kinematik/Kinetik; Vieweg+Teubner Verlag; 2013

Gabbert, Ulrich/ Raecke, Ingo; Technische Mechanik für Wirtschaftsingenieure; Carl Hanser Verlag; 2013

Göldner/ Holzweissig; Leitfaden der Technische Mechanik; Fachbuchverlag Leipzig; 1990

Göldner/ Pfefferkorn ; Technische Mechanik; Fachbuchverlag Leipzig; 1990

Göldner/ Witt; Technische Mechanik; Fachbuchverlag Leipzig-Köln; 1993

Gross, Dietmar/ Hauger, Werner/; Technische Mechanik: 1 Statik, 2 Elastostatik, 3 Kinetik; Springer-Lehrbuch; 2013

Gross, Dietmar/ Ehlers, Wolfgang Formeln und Aufgaben zur Technischen Mechanik 1 Statik, 2 Elastostatik, 3 Kinetik; Springer-Lehrbuch; 2013

Gummert/ Reckling; Mechanik; Vieweg; 3013

Herr, Horst; Technische Mechanik. Lehr- und Aufgabenbuch: Statik, Dynamik, Festigkeitslehre; Europa-Lehrmittel; 2008

Hibbeler, Russell C.; Technische Mechanik 1 – Statik, 2 – Festigkeitslehre, 3. Dynamik; Pearson Studium; 2012

Issler/ Ruoß/ Häfele; Festigkeitslehre- Grundlagen I, II; Springer; 2005

Kühhorn/ Silber; Technische Mechanik für Ingenieure; Hüthig; 2000

Kunow, A.; Technische Mechanik: I Statik; II Elastostatik, III Kinetik; KISP-Bücher 2019

Kunow, A.; Technische Mechanik: I Statik; II Elastostatik, III Kinetik – Vollständig durchgerechnete Übungen; KISP-Bücher 2019

Mayr; Technische Mechanik; Carl Hanser; 2015

Mayr; Mechanik Training; Carl Hanser; 2015

Neuber; Technische Mechanik; Springer; 1974

Pestel/ Wittenburg; Technische Mechanik; Bibliographisches Institut; 1983

Riemer/ Wauer/ Wedig; Mathematische Methoden der Technischen Mechanik; Springer- Lehrbuch; 2015

Romberg/ Hinrichs; Keine Panik vor Mechanik!; Vieweg; 2011

Szabó; Einführung in die Technische Mechanik; Springer; 2002

Will/ Lämmel; Kleine Formelsammlung Technische Mechanik/ CD- Rom; Fachbuchverlag Leipzig; 2009

Zimmermann; Übungsaufgaben Technische Mechanik; Fachbuchverlag Leipzig; 2000

FEEDBACK

Danke für eine positive Bewertung

Wenn Ihnen das Buch gefallen hat, schicken Sie mir bitte eine positive Bewertung bei Amazon Kindle.

Anmerkungen, Fragen oder Kritik

Hier können Sie mir Ihre Anmerkungen, Fragen oder Kritik zum Buch „Technische Mechanik Statik Übungen“ schicken.

Im Google-Formular können Sie mir direkt schreiben und eine Strategie-Session können sie hier buchen.

ANHANG: LISTE DER LINKS

Kostenlose Strategie-Session http://bit.ly/2FBysxb

Kontakt https://www.kisp.de/kontakt

Blog „Selbstführung & Produktivität“ https://www.kisp.de/blog

Facebook-Gruppe „Produktivität & Selbstführung“ https://www.facebook.com/groups/1549304758441242/

Google-Formular https://forms.gle/5EdtaTgMgUfPyxLr7

Bonusmaterial https://www.kisp.de/osca

SACHWÖRTERVERZEICHNIS

ÜBER DIE AUTORIN

Prof. Dr. Annette Kunow lehrte nach mehrjähriger Industrietätigkeit 31 Jahre an der Hochschule Bochum im Fachbereich Mechatronik und Maschinenbau.

Sie bietet u. a. Seminare und Vorlesungen zur Numerischen Dynamik, Höheren Mechanik und CAE an.

Zudem ist sie Gründerin und Geschäftsführerin der Firma KISP Prof. Kunow + Partner GbR.

Annette Kunow ist Autorin mehrerer Bücher in Business Coaching, Projektmanagement und Engineering.

Technische Mechanik
Statik

Die Technische Mechanik ist eine Kernkompetenz eines jeden Ingenieurs. Ohne diese Kenntnisse können die physikalischen Eigenschaften von Systemen nicht erfasst werden.

Was Sie in diesem Buch lernen werden

- Mathematische Grundlagen
- Arbeitsbegriff der Statik
- Gleichgewicht
- Schnitt- und Reaktionskräfte
- Haftung und Reibung
- Raumstatik

Bonusmaterial zum Buch

Wenn Sie sich auf der folgenden Seite eintragen, erhalten Sie Bonusmaterialien zum Buch: https://www.kisp.de/osca

Technische Mechanik

Statik Übungen

Die Technische Mechanik ist eine Kernkompetenz eines jeden Ingenieurs. Ohne diese Kenntnisse können die physikalischen Eigenschaften von Systemen nicht erfasst werden.

Vollständig und allen Lösungsvarianten gelöste Übungsaufgaben

Was Sie in diesem Buch lernen werden

- Mathematische Grundlagen
- Arbeitsbegriff der Statik
- Gleichgewicht
- Schnitt- und Reaktionskräfte
- Haftung und Reibung
- Raumstatik

Bonusmaterial zum Buch

Wenn Sie sich auf der folgenden Seite eintragen, erhalten Sie Bonusmaterialien zum Buch: https://www.kisp.de/osca

Technische Mechanik

Elastostatik

Die Technische Mechanik ist eine Kernkompetenz eines jeden Ingenieurs. Ohne diese Kenntnisse können die physikalischen Eigenschaften von Systemen nicht erfasst werden.

Was Sie in diesem Buch lernen werden

- Deformationen
- Elastizitätsgesetz
- Spannungen
- Spannungszustände
- Statische Bestimmtheit
- Arbeitsbegriff der Elastostatik

Bonusmaterial zum Buch

Wenn Sie sich auf der folgenden Seite eintragen, erhalten Sie Bonusmaterialien zum Buch: https://www.kisp.de/osca

Technische Mechanik Elastostatik Übungen

Die Technische Mechanik ist eine Kernkompetenz eines jeden Ingenieurs. Ohne diese Kenntnisse können die physikalischen Eigenschaften von Systemen nicht erfasst werden.

Vollständig und allen Lösungsvarianten gelöste Übungsaufgaben

Was Sie in diesem Buch lernen werden

- Deformationen
- Elastizitätsgesetz
- Spannungen
- Spannungszustände
- Statische Bestimmtheit
- Arbeitsbegriff der Elastostatik

Bonusmaterial zum Buch

Wenn Sie sich auf der folgenden Seite eintragen, erhalten Sie Bonusmaterialien zum Buch: https://www.kisp.de/osca

Technische Mechanik

Dynamik

Die Technische Mechanik ist eine Kernkompetenz eines jeden Ingenieurs. Ohne diese Kenntnisse können die physikalischen Eigenschaften von Systemen nicht erfasst werden.

Was Sie in diesem Buch lernen werden

- Kinematik
- Kinetik des Massenpunktes
- Kinetik des Massenpunktsystems
- Kinetik des Starrkörpers
- Ebene Bewegung
- Schwingungen

Bonusmaterial zum Buch

Wenn Sie sich auf der folgenden Seite eintragen, erhalten Sie Bonusmaterialien zum Buch: https://www.kisp.de/osca

Technische Mechanik

Dynamik Übungen

Die Technische Mechanik ist eine Kernkompetenz eines jeden Ingenieurs. Ohne diese Kenntnisse können die physikalischen Eigenschaften von Systemen nicht erfasst werden.

Vollständig und mit möglichen Lösungsvarianten gelöste Übungsaufgaben

Was Sie in diesem Buch lernen werden

- Kinematik
- Kinetik des Massenpunktes
- Kinetik des Massenpunktsystems
- Kinetik des Starrkörpers
- Ebene Bewegung
- Schwingungen

Bonusmaterial zum Buch

Wenn Sie sich auf der folgenden Seite eintragen, erhalten Sie Bonusmaterialien zum Buch: https://www.kisp.de/osca

Projektmanagement und Business Coaching

Grundlagen des agilen Projektmanagements mit Methoden des Systemischen Coachings

Projektkompetenz ist heute die Kernkompetenz für jeden Berufstätigen. Ohne die Strukturierung durch das Projektmanagement sind Abläufe in Unternehmen nicht mehr zu bewältigen.

Was Sie in diesem Buch lernen werden

- Strukturierte Pläne
- Optimale Nutzung der Ressourcen
- Klar bewertbare Projektziele
- Angepasste Informationssysteme
- Führung des Teams
- Strategische Projektziele

Project Management and Business Coaching

Basics of Agile Project Management With Methods of Systemic Coaching

Project competence is today the core competence for every professional. Without structuring through project management, processes in companies can no longer be mastered.

What You Will Learn in this Book

- Structured plans
- Optimal use of resources
- Clearly assessable project objectives
- Adapted information systems
- Leadership of the team
- Strategic project goals

Computer Aided Engineering (CAE)

Anwendungen und Lösungen

CAE ist heute in den Konstruktions- und Entwicklungsbereichen der Industrie nicht mehr wegzudenken. Die heute übliche automatische Vernetzung kann ohne das Grundlagenwissen zu gravierenden Fehlern führen.

Was Sie in diesem Buch lernen werden

- Grundbegriffe und Gesamtsteifigkeit
- Flächen- und Volumenelemente
- Vernetzungsregeln
- Versuche
- Dynamische Berechnungen
- Nichtlinearität

Numerische Dynamik

Grundlagen-Modellbildung-Anwendungen

Die Numerische Dynamik ist ein bedeutender Bestandteil im Engineering. Sie vermittelt die physikalischen Zusammenhänge, um Konstruktionen unter bewegten Belastungen zu dimensionieren.

Was Sie in diesem Buch lernen werden

- Grundlagen der Dynamik/ Kinetik
- Prinzip der dynamischen Berechnung
  - Einmassenschwinger
  - System mit zwei Freiheitsgraden
  - Mehrmassensystem
- Berechnung für das Kontinuum
- Ausführliche Beispiele und Übungen, incl. Eingaben in die Programme (EXCEL, MATLAB)

Numerische Dynamik Übungen

Grundlagen-Modellbildung-Anwendungen

Die Numerische Dynamik ist ein bedeutender Bestandteil im Engineering. Sie vermittelt die physikalischen Zusammenhänge, um Konstruktionen unter bewegten Belastungen zu dimensionieren.

Was Sie in diesem Buch lernen werden

- Grundlagen der Dynamik/Kinetik
- Prinzip der dynamischen Berechnung
  - Einmassenschwinger
  - System mit zwei Freiheitsgraden
  - Mehrmassensystem
- Berechnung für das Kontinuum

Ausführliche Beispiele und Übungen, incl. Eingaben in die Programme (EXCEL, MATLAB)

Printed in Poland
by Amazon Fulfillment
Poland Sp. z o.o., Wrocław

35010205R00204